中等职业院校立德树人系列教材

# 核心职业素养

主　编　杜永关
副主编　周　蓓　刘巧莉　张志萍

北　京
冶金工业出版社
2022

## 内 容 提 要

本书共分5章，第1章为导入篇，介绍核心职业素养的内涵、重要性以及养成途径。第2~4章为内化篇，主要介绍内在核心职业素养，通过梳理和剖析传统文化，得出职业道德的根源；通过分析职业幸福感的养成，帮助学生树立正确的职业意识；通过分析工匠精神的养成，帮助学生培育职业精神。第5章为外化篇，主要介绍外在核心职业素养，具体包括职场沟通表达能力、职场逻辑思维能力、职场信息处理能力、职场礼仪、职场团队协作能力、职场创新创业能力等六种职业核心能力。

本书可作为中等职业院校职业素养教育方面的教材，也可供广大青少年阅读。

**图书在版编目(CIP)数据**

核心职业素养/杜永关主编.—北京：冶金工业出版社，2017.10(2022.2重印)
中等职业院校立德树人系列教材
ISBN 978-7-5024-7641-0

Ⅰ.①核… Ⅱ.①杜… Ⅲ.①职业道德—中等专业学校—教材 Ⅳ.①B822.9

中国版本图书馆CIP数据核字(2017)第245173号

**核心职业素养**

**出版发行** 冶金工业出版社 **电　　话** (010)64027926
**地　　址** 北京市东城区嵩祝院北巷39号 **邮　　编** 100009
**网　　址** www.mip1953.com **电子信箱** service@mip1953.com

责任编辑 戈 兰 郭冬艳 美术编辑 吕欣童 版式设计 孙跃红
责任校对 禹 蕊 责任印制 李玉山
三河市双峰印刷装订有限公司印刷
2017年10月第1版，2022年2月第2次印刷
710mm×1000mm 1/16；9.5印张；179千字；138页
**定价25.00元**

**投稿电话 (010)64027932 投稿信箱 tougao@cnmip.com.cn**
**营销中心电话 (010)64044283**
**冶金工业出版社天猫旗舰店 yjgycbs.tmall.com**
(本书如有印装质量问题，本社营销中心负责退换)

# 前言

人力资源和社会保障部在《关于大力推进技工院校改革发展的意见》中指出，技工院校的改革发展要全面落实科学发展观，以促进就业为目的，以服务经济发展为宗旨，以综合职业能力为核心，坚持高端引领，内涵发展，强化校企合作，深化教学改革，加快培养一流技能人才和高素质的劳动者。同时，人力资源和社会保障部在《技工教育“十三五”规划》中明确指出，要努力培养数以亿计的高素质劳动者和技术技能人才，培育精益求精的工匠精神；我国经济发展现状，对提升人力资本素质提出了新的要求，对技能人才的规模、结构、素质提出了更高的要求；“十三五”期间，建设以全面提高劳动者素质为目标，以加快高技能人才队伍建设和促进就业创业为重点的技能人才培养培训、评价使用、竞赛选拔、表彰激励、法律政策和宣传引导六大工作体系。

然而，目前各职业院校在建设和发展过程中，绝大多数都把主要的精力和物力投入专业能力课程的开发和改革上，而职业素养课程体系建设以及教育教学的开展只是流于形式、蜻蜓点水。随着企业用人标准的不断发展以及各校在国家级示范校建设工作中不断感悟，许多职教同仁们已经意识到，职业院校在人才培养模式与课程体系改革上，日益呈现一种失衡发展的态势，即重才轻德、重技能轻素养、重就业轻发展。尤其是在学校设置的课程体系中缺乏职业素养的培养体系，学生职业素养的培养呈现碎片状，不成体系，没有标准，不能满足行业企业的用人需求。同时，从历届职业院校毕业生的就业情况来看，或者是许多学业成绩优秀的求职者苦苦追求，却得不到用人单位的录用；或者是很多幸运的职场新人虽然求职成功，却无法适应工作的要求，并由此产生自卑、抱怨、厌倦等情绪，最终不得不选择放弃。这并非是我们的毕业生们的错误，而是多年来我国传统的成才观致使我们的教育存在着严重的缺陷，学业成绩成为了学校评价、企业用工、社会认可的主要标准，人的综合素质和实践适应能力的培养长期被忽略，这在一定程度上背离了教育和人才成长的规律。

社会在进步、经济在发展、设备在更新、企业用人标准在改变，职教毕业生要想在职海生涯中找到自己的立足之地，及时适应自己的工作岗位，不断提升自己，最终实现自己的个人价值，就必须要有以不变应万变的本领，必须要有必胜的信念和能力。在这个过程中能支撑起整个职业生涯的核心能力就是核心职业素养，它与职业资格以及与职业或岗位相对应的较完备、合理的专业知识结构和技能结构同等重要，这一理念需要学生、家长、学校以及社会的共同认可。为此，天津市劳动保护学校借助天津市“教学能力提升”项目开展的契机，成立了“立德树人”项目组，其中“核心职业素养”子项目组负责建设“核心职业素养”课程体系，并通过课程体系的建设，培养具备较高理论水平和实践能力的师资队伍，将课程融入学生日常教育教学过程中，努力培养并不断提升学生的核心职业素养，从而为学生职业生涯的顺利发展奠定坚实的基础。

《核心职业素养》教材编写组共十人，主编杜永关，负责全书基本框架结构、编写思路的确定以及全书的统稿工作，并具体负责第1章的编写。副主编张志萍、周蓓、刘巧莉，负责配合主编确定教材框架结构及编写思路，以及教材部分章节的统稿工作，并分别负责编写第2、4章以及第5章的5.4节。其他编者的分工情况是：李笑霜负责编写第3章、张芳负责编写第5章的5.1节、杨晶负责编写第5章的5.2节、陈宏伟负责编写第5章的5.3节、孟家羽负责编写第5章的5.5节、张棕茜负责编写第5章的5.6节。

本书在编写过程中，得到了有关专家、学校领导以及“立德树人”项目组全体同仁的大力支持，在此深表感谢。

由于编者水平所限，书中不足之处，欢迎广大读者批评指正。

编　者

2017年8月

# 目　录

# 1 认知核心职业素养

## 1.1 核心职业素养相关概念

【案例 1-1】

### 什么才是职场竞争最需要的

某公司销售部同时招聘进来两名员工，小李和小王。小李毕业于名牌大学，长相漂亮，身材高挑而且专业能力很强，拥有专业英语八级以及其他相关专业技能等级证书。同时小李口才还特别好，在公开场合经常能够侃侃而谈。而小王相对于小李，显得平庸了很多，长相一般，身材一般，毕业的学校是一所普通的高校，自身拥有的专业证书也不如小李数量多、级别高。加上小王性格比较内向，不太善于言辞，所以平时不显山不露水，很是低调。

一开始，无论是同事还是部门领导都对小李充满信心，觉得她是一棵好苗子，今后工作业绩必将突出。可是一年时间过去了，真正在业务上突飞猛进、取得不错的成绩，同时在部门里口碑良好、人际关系和谐的恰恰不是小李，反而是曾经不被看好的小王。原来，虽然小李具备很多突出的优点，但是她在工作上不肯吃苦、不善于钻研，干工作凭借一时的小聪明而没有真正深入研究，同时她还缺乏创新意识和创新能力，并且一贯自身清高，缺乏团队协作意识。而小王恰恰相反，虽然表面上的优点小王不如小李，但是她踏实肯干、善于钻研，在工作中严格要求自己，不但业务水平提升得非常快，而且还因为经常有意识地锻炼自己，她的表达和交际能力也突飞猛进。同时，小王特别善于学习，不但学习和业务直接相关的知识，而且还广泛涉猎和业务有关的其他知识。比如小王通过自学，在信息化处理方面的能力不断提升，帮助公司解决了很多信息化管理方面的问题。更值得称赞的是，小王与人为善，能够和部门同事和睦相处，在工作上能够团结协作，从而博得非常好的口碑。

又过了一年，小王顺利升职，而小李则黯然离职了。

**思考分析：**

（1）请概括并比较一下小王和小李自身存在的优点和缺点。

（2）请根据小李和小王的职场经历，说明什么是职场的制胜法宝。

## 知识链接

### 1.1.1 职业素养的内涵

职业素养是指职业内在的规范和要求，是在从业过程中表现出来的综合品质，包含职业道德、职业意识、职业精神和职业技能四个方面的内容。其中，前三项是职业素养中最根本的部分，是隐性素养，而职业技能是支撑职业人生的表象内容，是显性素养。

美国著名心理学家麦克利兰于1973年提出了一个著名的素质冰山模型，即将人员个体素质的不同表现形式划分为表面的“冰山以上部分”和深藏的“冰山以下部分”。其中，“冰山以上部分”包括基本知识、基本技能，是外在表现，是容易了解与测量的部分，相对而言也比较容易通过培训来改变和发展。而“冰山以下部分”包括社会角色、自我形象、特质和动机，是人内在的、难以测量的部分。它们不太容易通过外界的影响而得到改变，但却对人员的行为与表现起着关键性的作用。

如果把一个职业院校毕业生的全部才能看作一座冰山，那么浮在水面上的是他所拥有的资质、知识和技能，这些都是显性素养，可以通过各种学历证书、职业证书来证明，或者通过专业考试来验证。而潜在水面之下的东西，包括职业道德、职业意识和职业精神，称为隐性素养。应届毕业生在显性素养方面表现还可以，但在隐性素养方面由于没有受过系统培训，所以比较欠缺。

#### 1.1.1.1 职业道德

职业道德是指从事一定职业的人在特定的工作和劳动中所应遵循的特定的行为规范，是同人们的职业活动紧密联系的符合职业特点所要求的道德准则、道德情操与道德品质的总和。职业道德是衡量一个人工作态度的职业规范。恩格斯指出：“每一个阶级，甚至每一个行为，都各有各的道德。”

职业道德具有以下特点：

（1）在范围上，它存在于从事一定职业的人中间，是家庭、学校教育影响下所形成的道德观念的进一步发展。

（2）在内容上，它具有较大的稳定性和连续性，形成比较稳定的职业心理和职业习惯。

（3）在形式上，它具有具体、多样和较大的适用性。

职业道德包括爱岗敬业、诚实守信、办事公道、服务群众、奉献社会。其中，爱岗敬业是职业道德的核心和基础，诚实守信、办事公道是职业道德的准则，服务群众、奉献社会是职业道德的灵魂。

良好的职业道德，有利于人们养成良好的道德习惯，有利于促进社会生活的稳定发展。

1.1.1.2　职业意识

职业意识是指职业人对职业的认识、意向以及对职业所持的主要观点。职业意识有社会共性的，也有行业或企业相通的。

职业意识具体表现为：

(1) 对职业的社会意义和地位的认识。

(2) 对职业本身的科学技术水平和专业化程度的期望和要求。

(3) 要求职业与个人的兴趣、爱好相符。

(4) 对职业劳动或工作条件的看法和要求。

(5) 对职业的经济收入和物质待遇的期望。

职业意识的具体内容包括诚信意识、客户意识、团队意识、自律意识、学习意识。

1.1.1.3　职业精神

职业精神涵盖个人职业作风、行为习惯、职业态度等，也称敬业精神。拥有这一素质是人的职业生涯中的一种更高的境界。毫无疑问，没有一定程度的职业技能和不受职业道德规范约束的人是不能达到这种境界的。

很多企业界人士认为：职业精神就是在工作中要将自己作为企业的一部分，不管做什么工作一定要做到最好，发挥出实力，对于一些细小的错误一定要及时地更正，敬业不仅仅是吃苦耐劳，更重要的是“用心”去做好企业分配的每一份工作。态度是职业素养的核心，好的态度比如负责的、积极的、自信的、建设性的、欣赏的、乐于助人等态度是决定事业成败的关键因素。

1.1.1.4　职业技能

职业技能是构成职业素养的首要因素。它通常指一个人所从事的工作要求具备的技术能力，而这种能力通常来自受教育的程度、工作经验和就业后的各种专业技能训练，其中包括人的生理和心理承受能力。

作为未来的职场人，我们必须要了解并掌握职业素养的相关理论，并以此为目标和方向，从日常学习和生活中做起，自觉培养自己的职业素养。需要明确的是，要正确理解职业素养与核心职业素养的联系与区别，在培养自身职业素养的过程上，突出核心职业素养的养成，从而能够使自己更快地成长。

### 1.1.2　核心素养的内涵

教育部在2014年印发的《关于全面深化课程改革落实立德树人根本任务的

意见》中，首次提出“核心素养体系”概念。

学生发展核心素养是指学生应具备的，能够适应终身发展和社会发展需要的必备品格和关键能力，是关于学生知识、技能、情感、态度、价值观等多方面要求的综合表现，是每一名学生获得成功生活、适应个人终生发展和社会发展都需要的、不可或缺的共同素养，其发展是一个持续终身的过程，可教可学，最初在家庭和学校中培养，随后在一生中不断完善。

（1）核心素养是“关键素养”，不是“全面素养”。所谓核心绝对不是全面，而应该是关键，核心素养是素养中最重要的部分，是对学生发展影响最直接的部分。目前理论界提到学生的素养，会从很多方面评价，分类的角度各不相同，如素质教育、三维目标、全面发展、综合素质等。核心素养应该是各种素养中的“优先选项”，是素质教育、三维目标、全面发展、综合素质等等的“聚焦版”。

（2）核心素养反映“个体需求”，更反映“社会需要”。现代社会尊重人权，提倡以人为本，所以核心素养要反映个体发展的需要，它是个体实现人生价值，过上幸福生活的保障。个人的生存与发展不能脱离具体的社会环境，个体人生价值的实现是需要社会需求这个大背景的。从这个意义上看，核心素养是适应个人终生发展和社会发展所需要的“关键素养”，只有具备这些素养，学生才能成功地适应社会，在实现自我的同时促进社会的发展。

（3）核心素养是“高端素养”，不是“低端乃至基础素养”。学生的成长与发展需要多种素养，如身体素质、遵规守纪、学习意识、学习能力等，而且这些素养是非常重要的。但是相对于创新能力、信息素养、合作能力、社会责任、交流技能等事关个体能否更好适应21世纪的挑战，事关国家发展和民族振兴等素养而言，无疑前者是基础的，而后者则是高端的，后者才是我们需要努力培养的核心素养。

（4）核心素养要符合现代理念，更要尊重传统。所谓民族的才是世界的，不单文学艺术如此，教育教学理念也需要遵循这个原则。在全球化背景下，各国的学生核心素养的范围会有一定的甚至相当的共性，如创新能力、信息素养等；但因为国情差异，特别是各国的传统文化背景不同，核心素养的培育也需要有所不同。

### 1.1.3 核心职业素养的内涵

职业教育作为教育的一个领域，自然也同样要遵循上述对于核心素养的分析。同时，职业教育作为就业教育，更需要与国家乃至世界经济发展相适应。所以，中职毕业生核心职业素养，主要是指学生应具备的，能够适应终身发展和社会需要以及世界经济发展最新要求而必备的最关键的品格和能力，如沟通与交流、逻辑思维、信息素养、礼仪素养、团队合作、创新与创造力、社会参与及社会贡献、自我规划与管理等素养。作为中华民族伟大复兴的实践者，中职生要汲取中华文化的精髓，具备温良恭俭让的人格品质，具备朴素而真挚的爱国情怀。作为未来中国梦的实践者，作为高素质技能人才，我们中职生要传承中华民族的工匠精神，培育对工作执著，对所做的事情精益求精和对所生产的产品精雕细琢的精神，成为未来的大国工匠。

根据职业素养和核心素养的内涵，结合职业教育教育教学就业实际，可以得出核心职业素养的具体内容：

（1）内在核心职业素养：根植于中传统文化的职业道德、围绕职业幸福感形成的职业意识、以工匠精神为核心的职业精神。

（2）外在核心职业技能：包括职场沟通表达、职场逻辑思维、职场信息处理、职场礼仪交际、职场团队协作、职场创新创业等能力。

## 知识巩固

（1）职业素养的内涵及具体内容是什么？

（2）核心素养的内涵是什么？

（3）核心职业素养的内涵及内容是什么？

## 课堂测试

### 企业需要什么样的人

请同学们认真观察表 1-1 并回答问题。

**表 1-1　职业人的类型**

| 类　型 | | 职业道德 | 工作能力 | 企业认可度 | 结果 |
| --- | --- | --- | --- | --- | --- |
| A | 人财 | 好 | 强 | 高 | 积极使用 |
| B | 人材 | 好 | 弱 | 一般 | 将就使用 |
| C | 人才 | 差 | 强 | 低 | 很难使用 |
| D | 人裁 | 差 | 弱 | 低 | 绝对不用 |

（1）如何评价这四种类型的区别？你想成为其中的哪一种人呢？

（2）如果你是企业老总，你会选择用哪种人？

## 课后练习

（1）根据核心职业素养的内涵及内容，写一篇《核心职业素养自评报告》。

（2）撰写本节的学习心得一篇，要求观点鲜明、结合实际，字数在500字左右。

## 1.2　核心职业素养的现状与作用

**【案例1-2】**

### “聪明”的代价

一个女孩大学毕业后去了法国，开始了半工半读的留学生活。渐渐地，她发现当地的公共交通系统的售票处是自助的，也就是你想到哪个地方，根据目的地自行买票，车站几乎都是开放式的，不设检票口，也没有检票员。她觉得有机可乘，从此之后，便经常坐车逃票。

四年过去了，名牌大学的金字招牌和优秀的学业成绩让她充满信心，本来以为会轻而易举地获得一份工作。可是却事与愿违，她连续被多家公司拒绝。最后一次，她冲进了某公司人力资源部经理的办公室，要求经理对于不予录用她给出一个合理的理由。然而，结局却是她始料不及的。人事经理的一段话很令人玩味。

“女士，我们并不是歧视你，相反，我们很重视你。你一来求职的时候，我们对你的教育背景和学术水平都很感兴趣，老实说，从工作能力上来说，你就是我们所要找的人。但是我们查了你的信用记录，发现你有三次乘公交车逃票被处罚的记录。第一次逃票是在你来我们国家后的第一个星期，检查人员相信了你的解释，因为你说自己还不熟悉自助售票系统，只是给你补了票。但在这之后，你又两次逃票。根据我们的经验判断，我们相信在被查获前，你可能有数百次逃票的经历。此事证明了两点：一是你不尊重规则。你善于发现规则中的问题并恶意使用。二是你不值得信任。我们公司的许多工作是必须依靠信任进行的，因为如果你负责了某个地区的市场开发，公司将赋予你许多职权。为了节约成本，我们没有办法设置复杂的监督机构，正如我们的公共交通系统一样。所以我们没有办法雇用你，可以确切地说，在这个国家甚至整个欧盟，你可能找不到雇用你的公司。”

直到此时，她才如梦方醒、懊悔不已。然而，真正让她产生一语惊心之感的，却是对方最后提到的一句话：“道德常常能弥补才智的缺陷，然而，才智却永远填补不了道德的空白。”

**思考分析：**

（1）请你分析，这个品学兼优的女孩，最终为什么没有顺利就业？

（2）你认为影响就业的最重要的因素是什么？

## 知识链接

### 1.2.1 核心职业素养的现状

（1）组织和时间观念不强，不遵守企业的规章制度。例如上班迟到、工作懒散、打瞌睡、玩手机、屡教不改等不良习惯与在校时一脉相承。

（2）诚信意识不强，自我约束的能力较差。例如一些顶岗实习生在企业上班期间抽烟、打闹、偷拿仓库商品、承诺的任务不能完成等的现象与在校表现十分相似。

（3）缺乏吃苦耐劳意识，工作没有责任心。例如拈轻怕重、无故推托、相互忌妒、上班分心、工作儿戏等。这从中职生在校劳动、值日、志愿者活动等可见一斑。

（4）沟通合作能力欠缺，谦卑好学、服从服务意识不强。例如不敢或不屑与上级或师傅沟通学习、被动等靠师傅指点、不敢主动与客户沟通对话、与上级顶撞等。这些与学生在校等靠老师、自大封闭的心理特点相似。

（5）缺乏自信，团队意识、竞争意识和奉献精神不足。例如不敢主动承担工作任务，做这个不行做那个也不行，胆小怕麻烦，只顾自己不顾队友，得过且过，工作没有规划、没有目标等。

（6）缺乏形象与礼仪意识，抗挫折和职业认同意识差。例如礼貌用语、个人整洁卫生差，认为出了学校就可以奇装异发；遇到困难就打退堂鼓、退缩在家不愿出去工作，稍有不顺就想着跳槽等等。

### 1.2.2 社会对核心职业素养的呼唤

一个人，能力和专业知识固然重要，但是，在职场要成功，最关键的并不在于他的能力与专业知识，而在于他所具有的职业素养。

长久以来，“学而优则仕”的传统思想，将重视成绩的成才观根植于社会的各个层面，包括每一个家庭、用人单位以及社会舆论氛围，这种观念直接影响企事业单位的用工机制和人才选拔制度。教育不得不屈服于来自社会的压力，迎合应试的社会需求，于是学业成绩几乎成了衡量一个学生是否合格的唯一标准。这样的人才观念必然导致教育体系的缺失，这种大背景下我们暂时很难培养出拉里·佩奇、谢尔盖·布林和斯蒂夫·乔布斯这样杰出的职场奇才。在他们的身上，我们能够感受到顺畅完美的沟通能力、精诚和谐的团队合作能力、脑洞大开的创新能力、事半功倍的解决问题能力……

当今社会之所以对“应试教育”批判得多，是因为它过分地强调学生的考试成绩，而忽略了他们作为未来职业人赖以生存所必需的某些关键能力，诸如与人沟通、逻辑思维、礼仪教养、信息处理、建立合作关系以及创造性地解决问题的能力等。目前越来越多的企业发现，很多拥有高分数的应聘者来到工作岗位后，面对新的工作常常显得困顿和无能为力，高分低能的现象十分突出。具体表现为不会与人相处、不能顺畅地完成工作，尤其是需要团队协作共同完成的工作。因此，大多数用人单位开始把选人用人的目光从名牌学校和学业成绩转向了综合素质和职业能力。这里的综合素质和职业能力简单来说也就是“做人”和“做事”的能力，即职业素养能力，这些能力不仅仅是人在职场适应发展的关键，而且对于人的一生的发展和幸福都是至关重要的。

### 1.2.3 培养核心职业素养的重要性

（1）核心职业素养是社会进步、教育改革的需要。早在 20 世纪中后期，为进一步增强本国的竞争实力，提升人才培养的素质，世界各主要发达国家和经合组织、欧盟、联合国教科文等国际组织已纷纷开展核心素养的相关研究。党的十八大提出，把立德树人作为教育根本任务，培养德智体美全面发展的社会主义建设者和接班人。贯彻党和国家的教育方针，落实立德树人根本任务是整个教育战线一以贯之的要求，无论是基础教育还是职业教育都必须要全力落实。加强学生的核心素养，尤其是核心职业素养养成，无疑是摆在教育者们面前最重要的任务。

（2）核心职业素养是学生成功就业和创业的需要。中职毕业生面临着由学生向职业人的转变，校园往往是他们走向社会的最后训练基地。学校要承担起对“准职业人”职业素养培训的责任，培养学生核心职业素养，树立正确的就业观念和创业理念。如此，中职毕业生才能较快地适应职业岗位的要求，进而成长为训练有素的骨干人才。

（3）核心职业素养培养是学生可持续发展的需要。中职毕业生在实现初次就业或创业之后，往往会跟大多数人一样，需要花上较长的一段时间去学习、适应，最终融入该行业。当出现“排异现象”时，有人选择频繁跳槽或者转行，当然也不排除有人在职业变化或重新选择职业时束手无策。具备良好职业素养的学生，能与社会、企业很好地对接，既避免浪费宝贵的磨合时间，又有利于他们可持续发展，使学生受益一生。

## 知识巩固

（1）请找出本章中所提到的职业素养能力的内容，结合自身实际，谈一谈这些能力的实际意义。

（2）核心职业素养的培养对我们有哪些重要性？

## 课堂测试

### 小游戏——齐眉棍

（1）游戏简介：全体分为两队，相向站立，共同用手指将一根棍子放到地上，手离开棍子即失败，这是一个考察团队是否同心协力的体验。所有学员手指上的同心棍将按照老师的要求，完成一个看似简单但却最容易出现失误的项目。

（2）游戏人数：10~15 人。

（3）场地要求：开阔的场地一块或者教室内将桌椅集中后空出地方。

（4）需要器材：3 米长的轻棍。

（5）游戏时间：30 分钟左右。

（6）游戏结束后，请同学们分组讨论，游戏成功或失败的原因是什么？据此分析作为一个职场团队，每个成员应该都具备什么样的职业素养？

## 课后练习

（1）请同学上网查询或者从身边搜集，核心职业素养对于职场发展、职业生涯重要性的故事。

（2）请同学写一篇学习本节后的心得体会，要求观点鲜明、结合实际，字数在 500 字左右。

## 1.3 核心职业素养的培养

【案例 1-3】

### 职业教育，让我拥有头顶的一方晴空

来到新环境之初，说实在的，我内心深处充满了自卑。那时的我，内心充满了彷徨：是随波逐流就此放弃，还是重新振作，开辟一片新的天空？在相当长的一段时间内，这个矛盾一直在煎熬着我。

幸好，中职那种和中学完全不同的管理模式和教学理念使我从最初的自卑和彷徨中走了出来。在这里，数理化不好不是缺点，语数外基础差不是问题，老师对待我们一视同仁，她们的目光里，没有一丝冷漠和轻视。更让我欣喜的是，在

这里的课堂上，气氛非常融洽，没有紧张得让人窒息的难题解答，大篇幅的文字背诵，有的只是深入浅出的理论知识和实用的技能训练。虽然我仍然弄不懂那繁琐的语法知识，但是流利的英语口语，让我获得了老师的认可和同学们的钦佩；虽然课文分析我还是一头雾水，但是精彩的自我介绍使老师和同学们对我记忆深刻；专业课程的学习，深入浅出；专业技能的训练，更是驾轻就熟。以前的爱说爱笑是缺点，唱歌跳舞是点缀，而现在爱说爱笑是我的特点，能歌善舞更是我的优势。我有学习的积极性，很容易掌握那些并不复杂的理论；我有刻苦的精神，专业技能轻松被我拿下；我能歌善舞，爱说爱笑，学校的各项业余活动我都积极参与。一个学期下来，我成了品学兼优、深得老师和同学们喜爱的校园之星。时间飞逝，转眼两年的中职生活结束了，在第二学年的结束之际，我因品学兼优，被学校给予了优先推荐的资格。凭借着我所掌握的扎实的专业知识和专业技能，也凭借着我流利的语言表达能力、良好的心理素质和丰富的文艺才能，我顺利被本市一家大型外资企业录取，成为一名顶岗实习生。

（以上内容节选自天津市劳动保护学校国际商务专业0920班秦园园同学的一篇演讲稿，讲述的是她在中专阶段的求学经历。目前，她在中海油服股份有限公司天津分公司配餐服务中心工作，工作成绩优异。）

**思考分析：**

（1）对于文中秦园园同学的经历，你有什么感悟和收获？

（2）秦园园同学，从一个中考落榜后充满自卑情绪的丑小鸭成长为一名性格开朗、爱好广泛、充满自信、职场成功的白天鹅，她是如何做到的呢？

## 知识链接

### 1.3.1　学校教育中的核心职业素养培养

明确了中职生核心素养的内容之后，我们要解决的就是如何在日常教育教学中使学生逐渐养成这些核心素养。

（1）充分发挥课堂教学主渠道作用，加大课程改革力度，突出核心职业素养的渗透功能。从20世纪末以来，在我国持续推进的课程改革取得了突出的成就，但依然面临亟待解决的问题，最突出的问题就在于过于强调升学目标，而对于素质教育则流于形式。这种弊端在职业教育领域同样存在，无论是课程设置还是日常教学，都过于强调知识和专业技能的掌握，而对于学生的德育渗透、核心职业素养的培养则是浅尝辄止。如果通过课程改革，真正实现由传统的以学科知识传授为导向的课程和教学方式转向以促进学生全面发展为导向的课程和教学方式，则会从根本上解决这些问题。具体而言，应采取如下措施：

1）课程设置中增设“核心职业素养”课程，引入或者编写以培养和训练学生核心职业素养为主要内容的教材，对于学生进行专门的核心职业素养的培养。

2）制定核心职业素养渗透教学大纲，从核心职业素养的不同角度，进行分项目编写，然后将这些渗透大纲按照相近性、融合性原则，与相关课程相配套，在日常教学过程中进行核心职业素养的渗透。

（2）发挥班集体德育桥头堡作用，加大班级建设力度，构建核心职业素养培养的基地。班级是对学生进行核心职业素养培养的重要阵地，绝对能够发挥桥头堡的作用。一个班风严谨、和谐、积极向上的班集体，可以对学生的思想意识、道德情操和行为习惯产生渗透作用，使学生自然而然地接受熏陶并且被同化。所以，班集体的建设，直接决定学生核心职业素养培养的成效。

1）学校及系部层面在制定班级的管理考核制度时，要充分体现对于班集体在核心职业素养方面的考核，从而起到引领和督促作用。

2）班集体在班级环境建设时，要有意识突出核心职业素养观念的宣传和体现，如标语、挂图以及宣传栏等内容，一定要积极宣传培养核心职业素养观念。

3）作为班级建设重要手段的班会，一定要发挥关键作用，建议以学期为单位，进行核心职业素养主题班会活动。

（3）发挥校园文化的熏陶作用，努力营造良好的校园文化，创造培养核心职业素养的环境。《教育部关于大力加强中小学校园文化建设的通知》中指出：“校园文化是学校教育的重要组成部分，是全面育人不可或缺的重要环节，是展现校长教育理念、学校特色的重要平台，是规范办学的重要体现，也是德育体系中亟待加强的重要方面。”学生人生中相当一部分时间都是在校园中度过的，学生是校园文化建设的主体，同时校园文化又直接影响学生的思维品质、行为价值及认知能力的形成与发展。

1）努力营造良好的校园环境文化有利于陶冶学生高尚的情操。

2）养成崇高的校园精神文化可以激励学生积极进取，奋发向上。

3）开展丰富多彩的校园文体活动，可以丰富学生的精神生活，提升学生的思想境界。

（4）发挥企业文化的引领作用，加强深化校企合作，形成核心职业素养引领的标准。校企合作模式是促进学校教学的重要途径，引进企业的文化、管理模式以及用人评价标准，运用于日常教育教学过程之中，无疑会使职业教育的核心目的更完美地实现。企业对于人才的评价标准，非常明确地侧重于学生的综合素养，而企业的标准和要求又能够引起学生、教师以及家长的充分重视，从而使相应的教育教学活动更具有原始吸引力和更充沛的动力。

1）引进企业的关于人才核心职业素养的理念和标准，将其与日常的教育教学活动紧密联系，加大核心职业素养培养的针对性。

2）以学期为单位，聘请企业人事、生产部门的专家到学校进行核心职业素养养成专题讲座，使学生与企业建立间接联系，感受到核心职业素养对于将来职业生涯的重要意义。

3）定期组织学生代表到企业进行参观学习，实地感受企业文化的熏陶，然后将所感受的东西以文字或者演讲方式在本班内进行传播，从而影响全体同学。

（5）发挥评价方式的督促作用，改革创新学生评价体系，增强核心职业素养培养的动力。目前传统的评价模式与以核心职业素养的培养为核心的教育教学模式不一致，会直接影响核心职业素养培养的实际效果。

1）应逐步建立并推行遵循“发展性”理论、体现“增量”原则，契合核心职业素养培养理念的评价体系。

2）对于教育教学模式进行深入改革，以适应新的评价模式的实施和应用。

3）探讨将学生德育素质积分制度融入到评价体系之中。

综上所述，中职生的核心职业素养的培养意义重大，于国于家于民都至关重要。按照国际、国内以及传统文化对于核心职业素养的要求和标准，中职院校必须从课程体系、教育教学模式、德育模式以及学生评价体系等多个方面进行有针对性的改革和创新，从而使培养出的毕业生真正具备核心职业素养。然而，中职生的核心职业素养的培养并不是一朝一夕所能完成的，正所谓“十年树木，百年树人”，它是社会、个人、学校以及家庭各个方面共同力的成果，需要整个社会的支持和参与。

### 1.3.2 “核心职业素养”课程介绍

“核心职业素养”是以党的十八大提出的“把立德树人作为教育根本任务”以及人社部《技工教育“十三五”规划》的相关内容为引领，以德国梅腾斯教授的“核心能力”理论为依据，以全国职业核心能力培训课程体系为参考，以用人单位需求以及毕业生就业现状调研为突破口，以服务学生核心能力提升、综合素质发展及工匠精神养成为目标，进行建设的课程体系。

课程建设的主要内容包括：编写“核心职业素养”的课程标准、教材及配套的多媒体教学资源库，并通过课程体系的建设过程，培养具备较高理论水平和实践能力的师资队伍，将课程融入到学生日常教育教学过程中，不断提升学生的核心职业素养，为学生职业生涯的顺利实现奠定坚实的基础。

课程的建设原则为：

（1）充分发挥教学研究在教材建设中的主导作用，在教学设计和教学方法引导上，倡导“做中学、做中教”，突出职教特色与教学改革方向。

（2）体现以全面素质教育为基础、以就业为导向、以职业能力为本位、以学生为主体的教学理念，正确把握教材的科学性、适用性和先进性。

（3）以“实现立德树人目标”为核心，统筹规划，整体设计，整体开发，形成多介质、多媒体，支持立德树人整体目标，满足学生职业素养养成需求的课程体系。

课程教材《核心职业素养》的基本框架结构为：开篇第 1 章从总体介绍核心职业素养的内涵、重要性以及养成途径。第 2~4 章从理论上介绍核心职业素养，通过对传统文化的梳理和剖析，从中得出职业道德的根源；通过分析职业幸福感的养成，帮助学生树立正确的职业意识；通过分析工匠精神的养成，帮助学生培育职业精神。第 5 章主要介绍职业能力，具体包括：职场沟通表达能力、职场逻辑思维能力、职场信息处理能力、职场礼仪交际能力、职场团队协作能力、职场创新创业能力等共计六种核心职业能力。

## 知识巩固

（1）学校的教育教学应该从哪几个方面对学生进行核心职业素养的培养？

（2）本书的基本框架和结构是什么？

## 课堂测试

### 逻辑思维能力训练

假设以下每组题的说法是正确的，请根据这些说法判断题后结论是否真实和符合逻辑的，是就在☐打钩。否则打叉。例如：

我比约翰高，约翰比乔高。所以，

☑ 我比乔高。

我兄弟是棒球队的队员。棒球队有棒球投手，所以，

☒ 我兄弟是棒球投手。

如果今夜星光灿烂，明天将很暖和。今夜果真星光灿烂，所以，

☒ 明天天气不会暖和。

☒ 明晚将会星光灿烂。

☑ 明天将会很暖和。

看明白例题后，请开始做试题。注意准确性。时间：20 分钟。

（1）大象是动物，动物有腿，因此，

☐ 大象有腿。

（2）我的秘书还未到参加选民选举的年龄，我的秘书有着漂亮的头发，所以，

□ 我的秘书是个未满21周岁的姑娘。

(3) 这条街上的商店几乎都没有霓虹灯，但这些商店都有遮蓬，所以，

□ 有些商店有遮蓬或霓虹灯。

□ 有些商店既有遮蓬又有霓虹灯。

(4) 所有的A都有三只眼睛，这个B有三只眼睛，所以，

□ 这个B与A是一样的。

(5) 土豆比西红柿便宜，我的钱不够买两磅土豆，所以，

□ 我的钱不够买一磅西红柿。

□ 我的钱可能够，也可能不够买一磅西红柿。

(6) 韦利·美斯是个和斯坦·茂斯尔一样强的棒球击手，斯坦·茂斯尔是个比大多数人都要强的棒球击手，所以，

□ 韦利·美斯应是这些选手中最出色的。

□ 斯坦·茂斯尔应是这些选手中最出色的，尤其是在国内比赛更是如此。

□ 韦利·美斯是个比大多数人都要强的棒球击手。

(7) 水平高的音乐家演奏古典音乐，要成为水平高的音乐家就得练习演奏，所以，

□ 演奏古典音乐比演奏爵士乐需要更多的练习时间。

(8) 如果你的孩子被宠坏了，打他屁股会使他发怒；如果他没有被宠坏，打他屁股会使你懊悔。但是孩子要么是被宠坏了，要么是没有宠坏，所以，

□ 打他屁股要么会使你懊悔，要么使他发怒。

□ 打他屁股也许对他没有什么好处。

(9) 正方形是有角的图形，这个图形没有角，所以，

□ 这个图形是个圈。

□ 无确切的结论。

□ 这个图形不是正方形。

(10) 格林威尔在史密斯城的东北，纽约在史密斯城的东北，所以，

□ 纽约比史密斯城更靠近格林威尔。

□ 史密斯城在纽约的西南。

□ 纽约离史密斯城不远。

(11) 绿色深时，红色就浅；黄色浅时，蓝色就适中。但是要么绿色深要么黄色浅，所以，

□ 蓝色适中。

□ 黄色和红色都浅。

□ 红色浅，或者蓝色适中。

(12) 你正在开车行驶，如果你突然停车，那么跟在后面的一辆卡车将撞上

你的车。如果你不这么做，你将撞倒一个过马路的妇女，所以，

☐ 行人不应在马路上行走。

☐ 那辆卡车车速太快。

☐ 你要么被后面那辆卡车撞上，要么撞倒那个妇女。

(13) 我住在乔的农场和城市之间的那个地方，乔的农场位于城市和机场之间，所以，

☐ 乔的农场到我住处的距离比到机场要近。

☐ 我住在乔的农场和机场之间。

☐ 我的住处到乔的农场的距离比到机场要近。

(14) 聪明的赌徒只有在形势对他有利时才下赌注，老练的赌徒只有在他有大利可图时才下赌注，这个赌徒有时去下赌注，所以，

☐ 他要不是个老练的赌徒，就是个聪明的赌徒。

☐ 他可能是个老练赌徒，也可能不是个老练赌徒。

☐ 他既不是个老练赌徒，也不是个聪明赌徒。

(15) 当B等于Y时，A等于Z；当A不等于Z时，E要么等于Y，要么等于Z，所以，

☐ 当B等于Y时，E既不等于Y也不等于Z。

☐ 当A等于Z时，Y或者Z等于E。

☐ 当B不等于Y时，E既不等于Y也不等于Z。

(16) 当B大于C时，X小于C；但是C绝不会大于B，所以，

☐ X绝不会大于B。

☐ X绝不会小于B。

☐ X绝不会小于C。

(17) 只要X等于红色，Y就一定等于绿色；只要Y不等于绿色，Z就一定等于蓝色。但是，当X等于红色时，Z绝不会等于蓝色，所以，

☐ 只要Z等于蓝色，Y就可能是绿色。

☐ 只要Y不等于红色，Z就可能不是蓝色。

☐ 只要Y不等于绿色，X就不可能是红色。

(18) 有时印第安人是阿拉斯加人，阿拉斯加人有时是律师，所以，

☐ 有时印第安人不见得一定是阿拉斯加人的律师。

☐ 印第安人不可能是阿拉斯加人的律师。

(19) 前进不见得死得光荣，但是后退没死也不见得是耻辱，所以，

☐ 后退意为死得光荣。

☐ 前进可意为不死就是耻辱。

☐ 前进可意为死得光荣。

（20）B排士兵向敌军进攻时被敌人消灭了，也许B排只有一个叫史密斯的士兵在基地医院身体康复了，所以，

□ B排的其他人都被消灭了。

□ B排的所有人都被消灭了。

□ B排的所有人不见得都被消灭了。

## 课后练习

（1）根据本节所介绍的教材基本框架结构，通读《核心职业素养》全书。

（2）撰写本节的学习心得一篇，要求观点鲜明、结合实际，字数在500字左右。

# 2 职业道德与传统文化

## 2.1 职业道德与传统文化的关系

**【案例 2-1】**

### 一诺千金

秦朝末年，在楚地有一个叫季布的人，性情耿直，为人侠义好助。只要是他答应过的事情，无论有多大困难，他都设法办到，受到大家的赞扬。正因为如此，季布的信誉非常高，许多人都同他建立起了浓厚的友情。当时甚至流传着这样的谚语："得黄金百斤，不如得季布一诺。"这就是成语"一诺千金"的由来。

楚汉相争时，季布是项羽的部下，曾几次献策，使刘邦的军队吃了败仗。刘邦当了皇帝后，想起这事，就气恨不已，下令通缉季布。这时敬慕季布为人的人，都在暗中帮助他。后来，季布经过化装，到山东一家姓朱的人家当佣工。朱家明知他是季布，却仍收留了他。并且，朱家还到洛阳去找刘邦的老朋友汝阴侯夏侯婴说情。刘邦在夏侯婴的劝说下撤销了对季布的通缉令，还封季布做了郎中，不久又改封季布做河东太守。

一个人诚实有信，自然得道多助，能获得大家的尊重和友谊。反过来，如果贪图一时的安逸或小便宜，而失信于朋友，表面上是得到了"实惠"。但为了这点实惠也毁了自己的声誉，而声誉相比于物质重要得多。所以，失信于朋友，无异于失去了西瓜捡芝麻，得不偿失。

**思考分析：**

（1）季布获得如此高的信誉和认可的原因何在？

（2）季布的故事，给你的职场生涯带来什么启示？

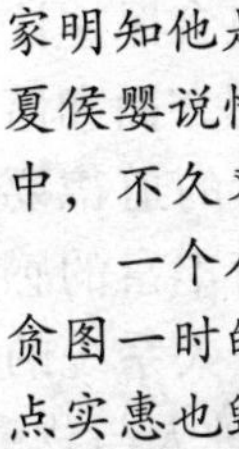

**知识链接**

### 2.1.1 职业道德与传统文化紧密相联

中国自古以来自称为礼仪之邦，礼仪之邦的核心在于伦理道德，而中华传统伦理道德的核心无疑是儒家思想。儒学是中国传统文化中的主流，从其核心内容来看就是道德和礼仪。尽管中国古代思想家观点各异，但重视道德却是共同的。儒家创始人孔子的学说的主要内容有三大部分：道德学说、政治学说和教育学说，其中道德学说占主导地位。在孔子看来，社会关系的本质是人伦，即人与人的关系，就是人的道德关系。人类社会的政治现象不过是道德关系在政治领域的表现。而教育的主要内容也是教导学生如何进行道德修养，提高自己的道德水平，将来按照道德原则进行工作、生活，即学习正心、诚意、修身、齐家、治国、平天下。我国现代学术界也有这种看法，例如张锡勤等主编的《中国伦理思想通史》就说："中华民族在4000年有文字可考的历史中形成了足可引以为豪的优秀文化传统。传统思想文化的重心，是伦理道德的学说。传统思想文化的突出特点和优点之一就是它的道德精神。故我国素以礼仪之邦著称于世。"几千年的漫长时间里把道德看作文化的核心，这在世界上是少有的，确实是中国传统文化的一个特点。

在建立和谐社会的过程中作为社会经济发展所依靠的各行各业理所当然应汲取传统伦理道德的精髓，展示社会主义经济、文化的新成果。但在现实生活中，某些陈腐落后意识和庸俗观念对职场人的职业道德产生着巨大冲击和影响，致使一些诸如虚假宣传、不守诚信、损公肥私等现象不断充斥着公众的视野。职业道德的失衡和错位让人们不禁反思：和谐社会背景下，职场人应当承载什么样的道德责任？"和谐"是社会主义建设的重要内容，是中华民族传统文化的重要组成部分。在儒家、道家的言论中，人与自然、人与社会，抑或是人自身无不渗透着"和谐"的思想。社会主义和谐社会是以正义、发展、公平为特点，包含民主法治、公平正义、诚信友爱、充满活力、安定有序、人与自然和谐相处等方面和谐的社会。这种和谐社会既涉及人类社会的公共道德，也含有对职业人的道德要求。"和"即亲睦，反映了人们内心的感受和生活处世的原则，包涵着丰富的感情色彩。"谐"即协调，指社会、自然与人之间的融洽关系，这是一个大系统的配合协调。如果将各行各业的职场作为一个系统，那么其中包含的各种人与物、情与理的因素，就必须处理好彼此之间的关系，这种关系的处理过程就是良好的职业道德培育和养成的过程。

传统伦理道德与职业道德的关系还体现在民间的口口相传的谚语和历史事实。如办事公道、公正是几千年来为人所称道的职业道德，自古就有"王子犯法与庶民同罪"的说法。因此人们一直歌颂那些秉公办事、不徇私情的清官明主，如宋朝的包拯。至于服务群众和奉献社会，传统文化最经典的论述莫过于把民众比作水，"水可载舟，亦能覆舟"，提醒当政者要以民为本，为民众服务。当然还有流传千古的范仲淹"先天下之忧而忧，后天下之乐而乐"的名言，更是淋漓尽致地表达了人们奉献社会的思想。另外儒家文化中的"修身齐家治国平天下"的思想，就是告诉我们应该以建立和谐社会为己任。

### 2.1.2 传统文化对于职业道德的重要意义

2017年1月25日，新华社发布中共中央办公厅、国务院办公厅印发《关于实施中华优秀传统文化传承发展工程的意见》，明确提出："中华文化源远流长、灿烂辉煌。在5000多年文明发展中孕育的中华优秀传统文化，积淀着中华民族最深沉的精神追求，代表着中华民族独特的精神标识，是中华民族生生不息、发展壮大的丰厚滋养，是中国特色社会主义植根的文化沃土，是当代中国发展的突出优势，对延续和发展中华文明、促进人类文明进步，发挥着重要作用。……实施中华优秀传统文化传承发展工程，是建设社会主义文化强国的重大战略任务，对于传承中华文脉、全面提升人民群众文化素养、维护国家文化安全、增强国家文化软实力、推进国家治理体系和治理能力现代化，具有重要意义。"

北宋开国宰相赵普曾说过一句名言，"半部论语治天下"，他以自身的从政经历，给予《论语》高度的评价。也许这句话有些夸张的成分，但是以它为集大成者的儒家思想，确实是汇集着做人做事准则、为人处世方法。儒家文化以修身立德为本，能帮助职业院校学生形成正确的人生观、职业价值观，规范学生的言行举止、待人接物，注重学生的内在修养，使学生求美向善，抵抗外在的诱惑，以诚待人，养成职业道德，成为对社会有用的人，保证就业的稳定，减轻社会的"包袱"和给社会减少不安定的因素。由此可见，儒家思想作为中华传统文化的精髓，对于培养学生的核心职业素养有着得天独厚的意义和作用，理应成为学生职业道德培养的重要内容之一。

**知识巩固**

（1）结合本书内容，阐述传统文化与职业道德之间的关系。

（2）如何正确理解传统文化对于职业道德的重要意义？

**课堂测试**

### 传统文化知识测试

(1) 中国古代的"四书"不包括下面哪本书？(　　)

A《论语》

B《大学》

C《中庸》

D《诗经》

(2)“五岳”中的南岳指（　　）。

A 衡山

B 恒山

C 泰山

D 嵩山

E 华山

(3) 古代六艺，“礼、乐、射、御、书、数”中的“御”是指（　　）。

A 驾车

B 武术

C 跳舞

D 舞剑

(4) 小提琴协奏曲《梁山伯与祝英台》是以哪一种戏剧唱腔为写作素材的？（　　）

A 京剧

B 越剧

C 黄梅戏

D 昆剧

E 豫剧

(5) 书画作品中的“四君子”是指哪四种植物？（　　）

A 梅　松　竹　兰

B 梅　兰　竹　菊

(6) 下列乐器中不属于我国民族乐器的是（　　）。

A 二胡

B 扬琴

C 小号

D 箫

(7)“秋水共长天一色，落霞与孤鹜齐飞”是作者站在什么地方看到的景象？（　　）

A 洞庭湖

B 黄鹤楼

C 滕王阁

D 兰亭

(8) 我国古代诗歌史上被称为“双璧”的一篇是《孔雀东南飞》，另一篇是（　　）。

A《木兰辞》

B《木兰诗》

C《木兰赋》

D《木兰曲》

(9) 传统彩瓷“素三彩”之所以称“素”是因为不用（　　）。

A 红色

B 绿色

C 蓝色

D 黄色

(10) 在京剧艺术表演中，梅兰芳、程砚秋、尚小云、荀慧生四位京剧表演艺术家被誉为“四大名旦”。选出下列不属于“梅派”代表剧目的一项（　　）。

A《霸王别姬》

B《四郎探母》

C《贵妃醉酒》

D《凤还巢》

(11) 中国古代的“五经”不包括下列的哪一本？（　　）

A《诗经》

B《尚书》

C《礼》

D《离骚》

(12)（　　）是我国古代最长的叙事诗，代表了汉乐府的最高艺术成就。

A《孔雀东南飞》

B《木兰诗》

C《古诗十九首》

D《乐府诗集》

(13)“初唐四杰”是指王勃、杨炯、卢照邻、（　　）。

A 王维

B 骆宾王

C 岑参

D 王昌龄

(14)（　　）是昆曲的发源地。

A 江苏无锡

B 江苏苏州

C 北京

D 上海

(15) 清代王士祯：“婉约以易安为宗，豪放惟幼安称首”其中“易安”“幼安”分别是指（　　）。

A 李清照　辛弃疾

B 李商隐　李白

C 柳永　苏轼

D 陆游　王安石

(16) 清末四大谴责小说：李伯元的《官场现形记》、吴趼人的《二十年目睹之怪现状》、刘鹗的《老残游记》和（　　）。

A 曾朴的《孽海花》

B 蒲松龄《聊斋志异》

C 干宝《搜神记》

D 俞万春《荡寇志》

(17) 下列哪个是旧时对医生的称呼？（　　）

A 杏林

B 梅林

C 竹林

D 桃林

(18) “不敢越雷池一步”中的“雷池”是指（　　）。

A 河流

B 边界

C 护城河

D 园中池塘

(19) 某医生医术高明，医德高尚，深得病家信赖。患者为了表达感激之情，在送给他的锦旗上，写上了“杏（　）春满”四个大字。括号中应该选用的字是（　　）。

A 坛

B 林

C 园

D 院

(20) 故宫三希堂乾隆年间存放着乾隆皇帝甚为欣赏的字画，其中三件藏品被乾隆皇帝视为“稀世珍宝”，堂名亦由这“三希”而得。遗憾的是，现在，这三件书法作品分藏于台北故宫博物院和北京故宫博物院，隔海相望。以下不在“三希”之中的是（　　）

A 王羲之《快雪时晴帖》

B 王献之《中秋帖》

C 王珣《伯远帖》

D 颜真卿《祭侄文稿》

### 课后练习

（1）请上网查询或者从身边搜集，职业道德与传统文化素养之间关系的故事。

（2）请写一篇学习本节后的心得体会，要求观点鲜明、结合实际，字数在500字左右。

## 2.2 从传统文化看职业道德

**【案例2-2】**

**医者仁心**

古代有一位姓陈的书生，对医术非常精通。

他曾医好一位贫穷而且垂危的病患，没有收取分文，也不求其他回报。患病的老人对陈书生千恩万谢，说家里穷，虽然给不起书生银钱，但是愿意将他们的小女儿送给他为奴。说完，老人将女儿叫了进来。书生看到，老人的女儿长得非常的漂亮，而且青春年少，不觉心中颇为动心。但是仔细一看，姑娘虽然强颜欢笑，但是眼中还残留着未干的泪痕。书生知道，这位姑娘根本不愿意给他为奴，不过是父命难违罢了，所以最后婉言谢绝了。

老人却执意勉强他，他连说：“不可！不可！”而且拿起笔，在桌上连写“不可”两个字。

陈书生的这件事情，后来被很多人传扬，使他声名远播。后来，陈书生多次参加科举考试未果，最后潜心从医，最终成为一位医德高尚、医术高明的名医。

**思考分析：**

（1）陈书生的行为体现了一种什么精神?

（2）故事里陈书生的这次善行，与他成为一位名医有什么必然联系?

### 知识链接

### 2.2.1 传统文化的内涵

（1）自强不息的奋斗精神。中国文化历来关注现实人生，孔子说：“未知生，焉知死”，并说：“天行健，君子以自强不息”。正是这种入世的人生哲学，培育了中华民族敢于向一切自然与社会的危害和不平进行顽强抗争。中国人自古以来就有不信邪、不怕“鬼”的精神，强调人生幸福靠自己去创造。要实现中华民族伟大复兴，这种自信自尊的精神是决不可少的。

（2）知行合一观。中国儒家文化所讲的“力行近于仁”，在一定程度上体现了“行重知轻”的认识论思想，这与实践品格具有某种一致性。实践是认识的源泉。实现中国梦，当然要努力学习外国的先进的东西，但更重要的是有中国特色的社会主义实践。

（3）重视人的精神生活。中国传统文化非常重视人的内在修养与精神世界，鄙视那种贪婪与粗俗的物欲。孟子提出“充实之谓美”，并认为“富贵不能淫，贫贱不能移，威武不能屈”，这是对人格的根本要求，这种传统美德，对现代人格的塑造，也是非常可贵的。

（4）有爱国主义精神。爱国主义，就是千百年来巩固起来的对自己祖国的一种最深厚的感情，爱国主义，是我们中华民族的优良传统。古人云：“天下兴亡，匹夫有责”。在今天，一个国家只有走上现代化，才会繁荣富强。而实现现代化，要靠全国人民团结一致，共同奋斗。

（5）追求真理，勇于奉献的精神。中国传统文化蔑视那种贪生怕死、忘恩负义、追逐名利的人。古人在谈到对真理的追求时，认为“朝闻道，夕死可矣”，宣扬“路漫漫其修远兮，吾将上下而求索”的精神。这种对真理执著、献身精神是推动中华民族伟大复兴的强大动力。

（6）团结互助、尊老爱幼的伦理规范。古人说：“老吾老以及人之老，幼吾幼以及人之幼。”一个社会只有严于律己，宽以待人，形成团结互助，尊老爱幼的社会风气，才能充满温馨与和谐，才能给人以希望与力量。

上述种种仅是中华传统文化精华的一部分，仅此就足以体现中国传统文化的博大精深。罗素曾说过：“中国文化的长处在于合理的人生观。”这是对中国文化的一种深刻认识和概括。

传统文化的内涵，体现着社会主义核心价值观的理念。作为未来的新时期的职场人，作为社会主义事业的接班人，中职学生需要传承传统文化，需要掌握传统文化，这是职业道德养成的需要，是职场的需要，也是社会发展、民族振兴、国家富强的需要。

### 2.2.2 儒家文化与现代企业文化的对应

孔子曾说：“吾道一以贯之。”这里的“道”是指为人处世的原则，而“一”则是忠恕。儒家学说以“仁”为核心，以“礼”为形式，“仁”字在不同的地方可以表述为不同的含义，但它始终离不开“人”，总是和“人”的问题联系在一起，故而重视人际关系是毋庸置疑的。那么处理人际关系的准则是什么呢？是

“和”。《论语》有云：“礼之用，和为贵。”（《学而》）又认为：“君子和而不同，小人同而不和。”（《子路》）总之，“和”是协调一致的意思，如同奏乐时，不同的音调高低相和，错落有致才能合成一首美妙和谐的乐曲。而“同”则是盲目强求一致，如同只有一个音调难以谱成乐曲一样。所以，在儒家看来，“和”是管理活动的最佳境界。

（1）“忠于职守、勤奋敬业”——“忠”。忠于职守、勤奋敬业无疑是每一个企业对于员工的标准和要求，具备这种职业素养的员工会让企业获得一个能够为企业带来利润和文化氛围的团队。员工对于企业的“忠诚”与儒家思想里面提到的“忠”不谋而合。孔子曾多次讲到“忠”。在孔子那里，“忠”的含义比较广泛，它除了指人与人之间的忠诚以及臣民对君主的效忠外，还包含有对待工作要忠于职守、勤奋努力的意思。孔子还讲到“敬事而信”（《学而》）、“执事敬”（《子路》）、“事事敬”（《季氏》）等，都是指对待工作要恭敬谨慎、兢兢业业，不能懈怠散漫，不能“做一天和尚撞一天钟”，更不能玩忽职守。孔子还强调管理者要在其位、谋其政，勤勤恳恳地对待本职工作。不仅如此，孔子还提出“敬其事而后其食”（《卫灵公》）。

（2）“以人为本、人文关怀、团队精神”——“仁”。“以人为本、人文关怀、团队精神”是现代企业的管理理念。老板要以仁爱之心去对待下属，管理层也必须以仁爱之心去对待员工；同样，员工也应该以仁爱之心去对老板和管理者，只有这样，企业才能产生内在的凝聚力。现代企业文化强调以“关怀”为主，力求营造一种和谐的团队精神。在这样的企业中，经营管理者都表现出对员工十分地关心和爱护，员工也都很热爱自己的工作，十分投入地进行工作。儒家思想的核心即是“仁”，而“仁”的根本内容和要求即是“爱人”，所谓“仁者爱人”。孔子还说：“泛爱众，而亲仁。”（《学而》）对于领导者或管理者来说，就应当具有广博的仁爱之心。孔子还提出：“节用而爱人，使民以时”（《学而》），“因民之所利而利之”（《尧曰》）。就现代企业管理者而言，关心爱护下属，努力为企业员工谋利益，既是企业管理者应当遵循的道德规范，也是其应当具备的道德品质。

（3）“学习型组织、文化影响”——“学而乐乎”、“修齐治平”。具备学习意识和能力，是企业对于员工的要求，而具备这一素养的员工，也是企业永葆创新活力的保障。儒家文化十分重视学习，《论语》首篇第一句话便是“学而时习之，不亦说乎？”现代企业文化特别重视“文化力”的影响，重视企业文化的培育。企业文化是一种价值理念，是人的思想的组成部分，有点类似社会道德。国家靠依法治国，但法律有失效的时候，这时就得靠社会道德。当前我国一些企业大兴建设企业文化，借鉴儒家文化，对企业的发展不无裨益。儒家的经典《礼记·大学》中明确指出，“修身”是齐家、治国、平天下的前提和基础，为使国家国泰民安、兴旺发达，强调自天子以至庶人，应该以修身为本。儒家认为，每一个人的道德修养犹如树的根，国家的兴旺犹如茂盛的枝叶，如果树根枯萎了，怎么可能有茂盛的枝叶呢?

（4）“正确处理义利、公私关系”——“义利并举，义以生利，以义为上”。企业员工正确处理企业利益与自身利益的关系，对于企业的繁荣发展至关重要。只有正确处理了这种关系，员工才能够全身心地投入到企业的经营和生产中，为企业创造最大的利益。孔子在谈到君子应具备的人格品质时，特别强调“义”，他明确指出：“君子义以为上”（《阳货》）、“君子义以为质”（《卫灵公》）。他说：“君子喻于义，小人喻于利。”（《里仁》）这里所说的“君子”、“小人”，主要是就道德人格而言的。“义”主要是指一个社会人们普遍推崇的道德原则和规范，而“利”则主要是指个人的物质利益和个人物质欲望的满足。对于管理者来说，要使自己具备君子的品格，必须处理好义与利的关系，使自己的思想和行为符合“义”的要求。

### 2.2.3 传统文化中蕴含的职业道德

（1）团结协作、尊重同道。“团结协作、尊重同道”是每一个职场人的职业道德要求。孔子明确指出“仁”即“爱人”“泛爱众而亲仁”“节用而爱人”“君子学道则爱人”等，由此可以看出孔子在人伦关系的扩大过程中逐步将“爱人”的情感推衍开来，对朋友“有信”、对国君“忠诚”，在此基础上建立起来的人与人之间、团体与团体之间的关系才是稳定的、和谐的。这对于当今构建和谐的职场关系具有积极的借鉴意义。团结协作也是一种职业道德品质。孟子说：“天时不如地利，地利不如人和”，“人和”即人与人之间的和谐相处团结协作。这种“人和”思想的运用能使组织和个体保持高度的一致，使员工积极向上，从而营造出同心同德、齐心协力的内部氛围。

孔子认为“忠恕”之道是实现“仁”的方法，主要包括“己所不欲，勿施于人”、“己欲立而立人，己欲达而达人。”其核心思想就是要在社会关系的互动中进行换位思考。具体地说，忠是职业人责任心的一种表现，是爱岗敬业、恪尽职守的精神境界。“恕”是宽容心的表现，是以爱为出发点、心胸宽广、包容对方的坦荡情怀。这就要求职场人之间既要竞争又要合作，要摒弃恶性打压对手的不道德竞争行为，进行公平合法的正当竞争。

（2）诚实无欺、讲究信誉。“诚信”是传统伦理思想的重要内容之一，其中“信”被视为立身处世的基本原则。孔子说“人而无信，不知其可也”“民无信不立”。他认为个人在社会中与人交往不讲信用，必然是与社会发展背道而驰的。同时儒家认为信与诚是相互联系的，“信者，诚也，专一不移也”“诚者，天之道也”。“诚”是“信”之本，“信”是“诚”之用。据此，诚信经济活动的盛行，将推动社会健康发展。社会主义和谐社会是诚信友爱的社会，必须要建立职场内部以及职场人与客户之间的诚信机制。毋庸讳言，如今某些职业人，弄虚作假、尔虞我诈、坑蒙拐骗等失范行为，一定程度上反映出“诚者自诚”、“信由心出”等诚信思想的缺失。

（3）强调责任、注重效益。职场人在职场中的个人价值实现，需要用为企业创造的效益来体现。追求效益和业绩，是无可厚非的。然而在现实社会中的“义”与“利”总是难以并举和兼顾的。在“义”与“利”的矛盾冲突中，以儒家为代表的先哲们选择了以“先义后利”、“见义思利”。这些观念为当今职场人职业道德的践行提供了宝贵的经验。不论是孔子的“君子喻于义，小人喻于利”，荀子的“义与利者，人之所两有也”、“先义后利”，还是董仲舒的“正其谊不谋其利，明其道不计其功”，在一定历史阶段都具有某些积极意义。广告界赫赫有名的威廉·伯恩巴克在广告公司创立的第一天就向外界郑重宣布：决不接受任何香烟厂商的广告，因为他的公司如果为任何品牌的香烟作了广告，就必须对人类的健康负责。但这个责任公司负不起，所以这笔钱不能赚。

（4）洞察敏锐、把握市场。儒家伦理思想中的“智”指聪明智慧。孟子说：“是非之心智也”，也就是智者必须具备明断是非的能力和良好的社会责任感。在儒家伦理思想中“智”主要表现在知人、知事、知己三个方面。知人是智者的基本条件，即会与人打交道，并善于用人。所以古人云：“知人则哲，唯帝其难之。”老子也说：“知人才智。”善于用人的人是真正的智者。在这方面，知人就是要求职场人把握客户的心理特征，赢得客户的青睐。职场人必须具有敏锐的洞察力与足够的智慧来分析客户市场，了解客户的生活方式和消费观念，这样形成的经营理念和营销策略才能赢得市场。

## 知识巩固

（1）请结合实际阐述传统文化的内涵。

（2）请结合实际阐述传统文化与企业文化的对应关系。

（3）请阐述传统文化中蕴含的职业道德理念。

## 课堂测试

### 职业道德知识测试

(1) 职工个体形象和企业整体形象的关系是（　　）。

A 企业的整体形象是由职工的个体形象组成的
B 个体形象是整体形象的一部分
C 职工个体形象与企业整体形象没有关系
D 没有个体形象就没有整体形象
E 整体形象要靠个体形象来维护

(2) 市场经济是（　　）。
A 高度发达的商品经济
B 信用经济
C 计划经济的重要组成部分
D 法制经济

(3) 下列关于爱岗敬业的说法中，你认为正确的是（　　）。
A 市场经济鼓励人才流动，再提倡爱岗敬业已不合时宜
B 即便在市场经济时代，也要提倡“干一行、爱一行、专一行”
C 要做到爱岗敬业就应一辈子在岗位上无私奉献
D 在现实中，我们不得不承认，“爱岗敬业”的观念阻碍了人们的择业自由

(4) 在日常商业交往中，举止得体的具体要求包括（　　）。
A 感情热烈
B 表情从容
C 行为适度
D 表情肃穆

(5)《公民道德建设实施纲要》提出，要充分发挥社会主义市场经济机制的积极作用，人们必须增强（　　）。
A 个人意识、协作意识、效率意识、物质利益观念、改革开放意识
B 个人意识、竞争意识、公平意识、民主法制意识、开拓创新精神
C 自立意识、竞争意识、效率意识、民主法制意识、开拓创新精神
D 自立意识、协作意识、公平意识、物质利益观念、改革开放意识

(6) 关于办事公道的说法，你认为不正确的是（　　）。
A 办事公道就是要按照一个标准办事，各打五十大板
B 办事公道不可能有明确的标准，只能因人而异
C 一般工作人员接待顾客时不以貌取人，也属办事公道
D 任何人在处理涉及他朋友的问题时，都不可能真正做到办事公道

(7) 在下列选项中，不符合平等尊重要求的是（　　）。
A 根据员工工龄分配工作
B 根据服务对象的性别给予不同的服务
C 师徒之间要平等尊重
D 取消员工之间的一切差别

(8) 在职业活动中，要做到公正公平就必须（　　）。

A 按原则办事

B 不徇私情

C 坚持按劳分配

D 不惧权势，不计个人得失

(9) 下面表述正确的选项是（　　）。

A 爱岗敬业是现代企业精神

B 现代社会提倡人才流动，爱岗敬业正逐步丧失它的价值

C 爱岗敬业要树立终生学习观念

D 发扬螺丝钉精神是爱岗敬业的重要表现

(10) 以下哪种情况属不诚实劳动？（　　）

A 出工不出力

C 炒股票

C 制造假冒伪劣产品

D 盗版

**课后练习**

（1）请同学上网查询或者从身边搜集，职业道德与中国传统文化之间关系的故事。

（2）请同学写一篇学习本节后的心得体会，要求观点鲜明、结合实际，字数在500字左右。

## 2.3 传统文化践行活动进校园

**【案例2-3】**

### 我的青春我的班

2014~2015学年，天津市劳动保护学校1407班团支部参加了“特色班级建设”活动。在该活动中，同学们为弘扬中华传统文化，展现有为青年团员面貌，选取了“汉服制作”这一主题。历时三个月，同学们上网搜集、学习相关资料，买布匹，反复剪裁和缝制，共做出12套汉服成品。在此过程中，有不少同学，对汉服以及背后蕴含的文化产生了浓厚的兴趣，相继加入了学校的汉服社团。该

项活动的成果不仅在学校组织的各类大型活动中进行了展示，而且在“桥园公园”公众场所里开展了汉服文化宣传活动。在该宣传活动中，同学们自豪地为市民展示汉服之美、华夏之兴，吸引了校内外人士的瞩目，受到了大家的好评。中国北方职业教育网对此活动进行了报道。

“心灵手巧别样美，传承文化自担当”，这是一个合格的中职生应具备的素养，这也是一个合格的班集体应追寻的方向。

**思考分析：**

（1）1407 班从“汉服制作”活动中获得了什么？

（2）通过 1407 班的经历和成绩，你们认为“传统文化”行动应该进入我们的校园吗？

## 知识链接

### 2.3.1 传统文化进校园需要秉持的原则

所谓民族的才是世界的，作为中华民族最伟大的精神财富，以儒家思想为代表的中华文化传统是民族的血脉，是人民的精神家园，是独一无二的理念、智慧、气度、神韵，注定会增添中华民族内心深处的自信与自豪，是实现中华民族伟大复兴中国梦的精神支柱。作为中国梦实践者的各个岗位的职业人，必须具备以中华传统文化为底蕴的职业道德，为此，对于传统文化我们必须要继承好、发扬好，将其与职业道德充分有效地融合在一起。

（1）坚持创造性转化和创新性发展。对传统文化坚持辩证唯物主义和历史唯物主义，秉持客观、科学、礼敬的态度，取其精华、去其糟粕，扬弃继承、转化创新，不简单复古，不简单否定，不断赋予新的时代内涵和现代表达形式，不断补充、拓展、完善，使中华民族最基本的文化基因与当代文化相适应、与现代社会相协调。

（2）重视与企业文化对接与融合。职业院校的教育是以“就业”为导向的，要求培养具有职业精神和专业技能的实用性人才，为企业输送合格的高技能人才。为此，在日常对学生进行职业素养的培养过程中，必须坚持将传统文化与企业文化对接，实现教学目标与职业岗位要求“对接”，使学生能够尽快地融入到企业中，从而极大提高毕业生就业后持续发展的潜力。

（3）遵循学生身心特点和认知规律。职业院校的学生存在着文化基础薄弱、学习意识欠缺以及学习能力不足等实际问题，以儒家思想为代表的中华传统文化，博大精深，因而中职学生对其的认知、理解以及运用等都存在着一定的困难。这就要求在传统文化教育教学实践中，在内容的选择、形式的确定上必须要遵循学生的身心特点和认知规律。

（4）践行知行合一和学以致用。中华传统文化是一种精神传承，更是一种实施哲学，传统文化中蕴含的关于做人做事、为人处世的原则和主旨，是需要学生在日常学习、生活以及工作中去践行的。为此，在职业道德的培养过程中，必须要突出知行合一、学以致用的原则，使学生在实践的情景中，真正理解其内涵，掌握其精髓，学会其方法。

### 2.3.2 传统文化进校园需要落实的内容

中华传统文化中历来有“立德立功立言”之说，这是入世之人功成名就的标准，作为职场之人当然要以此为奋斗目标和人生追求，当然这也必然是企业用人、评人的重要尺度。所谓立德，指个人的道德修养深厚，最终获得道德成功，这需要治心修身；所谓立功，指个人奋发有为建功立业，最终获得事业成功，这需确立目标、付出努力以及时势机遇；所谓立言，指个人学术有成著书立说，最终获得学问成功，这需要坚持不懈、沉淀和积累。“立德立功立言”之说，其实也恰恰是孔子“修己、待人、接物、处世、治学”学说的概括和综合，具体而言包括仁、义、礼、智、信、忠、恕、孝、悌等德目，勤学、忠孝、仁爱、自强不息、敬事以信、和而不同等道德品质。而这些德目以及道德品质恰恰与企业文化中的终身学习、忠诚尽责、尚义仁爱、自强自律、敬业爱岗、团队协作等标准和目标一一对应。

以上儒家思想中凝聚的理念、德目以及具体的道德品质，是需要与企业文化中的标准和目标紧密结合，作为职业教育中立德树人目标中职业道德培养的重要方面。这些内容的学习，要紧紧抓住《论语》、《弟子规》等儒家经典著作中的原文，严谨遵循学生身心发展特点和认知规律，紧密结合企业用人标准和文化底蕴，突出背诵、诵读以及情景实践，使学生能够学以致用、学有所得。

### 2.3.3 传统文化进校园可以采用的形式

在职业院校的日常教育教学过程中，将以儒家文化为代表的中华传统文化与职业道德相结合，对学生进行文化熏陶，是立德树人教育目标实现的重要途径。为了使这种职业道德养成培训效果明显，需要在两者结合的过程中，充分尊重学生的身心特点和认知规律，并结合学校的实际情况，利用已有的教育教学成果，尤其是校企合作成果，并通过改革学生核心素养能力评价体系，以制度的方式，将学生核心素养的养成与否、效果优劣与学生的评优、奖惩、升学、就业结合起来，从而起到激励和引导作用。

（1）根据儒家思想中凝聚的概论、德目以及具体的道德品质，结合学校教育教学管理相关制度，编写学生日常行为规范，将儒家思想的价值观制度化，落细、落小、落实，渗透于每个学生日常生活细节中，践行其核心价值观，规范学生的行为。

（2）充分利用早自习、午检、晚自习等时间，进行儒家文化经典名篇诵读。通过诵读和背诵名篇，学生在潜移默化中提升文学修养，对于经典能够耳熟能详、信手拈来、脱口而出，从而将儒家核心价值观和中华传统美德融入学生的意识里、血脉中，成为言行举止的习惯。

（3）充分发挥诸如经典诵读、汉服制作、课本剧表演、礼仪训练等社团功能，将经典以表演的形式在学生中间传播，使其进一步深入人心，让学生们对于传统文化的精髓于耳目一新中予以理解和掌握。

（4）充分利用第二课堂的平台，在课堂上将传统文化与职业道德培养充分结合起来，在浸润传统经典的氛围中，真正提升自身的职业道德。

（5）制定专业技能一体化课程的职业道德渗透授课计划，将凝缩着中华传统文化的职业道德教育渗透到学生的日常教学过程中，尤其是在技能实训课程中，在教学准备、师徒关系、操作过程以及工作态度等方面，突出以工匠精神为核心的传统文化教育。

（6）制定并实施具有针对性、可操作性的学生核心职业素养能力评价体系，借助学校技能大赛，理顺校级比赛、市级比赛以及国家比赛的衔接顺序，充分挖掘各级各类技能大赛、德育大赛的传统文化因素，为学生获奖搭建顺畅通道，从而起到积极向上的鼓励和引导作用。

（7）发挥企业文化的引领作用，加强深化校企合作，形成融入传统文化的职业道德引领的标准。校企合作模式是促进学校教学的重要途径，引进企业的文化、管理模式以及用人评价标准，运用于日常教育教学过程之中，无疑会使职业教育的核心目标更完美地实现。企业对于人才的评价标准，非常明确地侧重于学生的核心职业素养，而企业的标准和要求又能够引起学生、教师以及家长的充分重视，从而使相应的教育教学活动更具有原始吸引力和更充沛的动力。

文化是民族的血脉，是人民的精神家园。文化自信是更基本、更深层、更持久的力量。中华文化独一无二的理念、智慧、气度、神韵，增添了中华民族内心深处的自信和自豪。因此，具备了融入中国传统文化精髓的核心职业素养的职业院校毕业生们，将会在日常生活以及职场上，充满自信，游刃有余地与人交往，让自己能够幸福地生活、快乐地工作。

## 知识巩固

（1）请说出中华传统文化进校园需要秉持的原则。

（2）请说出中华传统文化进校园需要落实的内容。

（3）请说出中华传统文化进校园可以采用的形式。

## 课堂测试

### 诵读经典，深入感悟

在下面的儒家经典中，充分体现了我们的祖先对于做人做事的原则。大家深入思考，这些经典和我们今天所提倡的职业道德，有哪些一脉相承的地方？

（1）子曰："人而无信，不知其可也。大车无輗，小车无軏，其何以行之哉？"

（选自《论语·为政》）

译文：孔子说："一个人不讲信用，真不知他怎么可以（立身处世）。就像大车子没有安横木的輗，小车子没有安横木的軏，如何能行走呢？"

（2）天时不如地利，地利不如人和。

（选自《孟子·公孙丑下》）

译文：有利于作战的时令、气候比不上有利于作战的地形（重要），有利于作战的地形比不上人心所向、上下团结（重要）。

（3）子曰："君子和而不同，小人同而不和。"

（选自《论语·子路》）

译文：孔子说："君子讲求和谐而不同流合污，小人只求完全一致，而不讲求协调。"

（4）子曰："君子怀德，小人怀土；君子怀刑，小人怀惠。"

（选自《论语·里仁》）

译文：孔子说："君子所思的是道德，小人只选择有利可图之地。君子有所行动，想到的是是否合乎法律、法则。小人行动，冒险以求侥幸，不考虑后果，只贪图眼前的小惠。"

（5）子曰："君子周而不比，小人比而不周。"

（选自《论语·为政第二》）

译文：孔子说："君子团结而不勾结，小人勾结而不团结。"

## 课后练习

（1）请上网查询或者从身边搜集，中华传统文化进入校园的其他形式。

（2）请写一篇学习本节后的心得体会，要求观点鲜明、结合实际，字数在500字左右。

# 3 职业意识与职业幸福感

## 3.1 职业意识与职业幸福感的关系

**【案例 3-1】**

### 幸福都在别人那里

在一次关于“职业幸福感”的社会调查中，各行各业纷纷叫苦连天：

老百姓眼中的“父母官”多风光，而一位在某机关工作刚过而立之年的副处长在谈及“职业幸福感”时却是满腹牢骚：“……什么工作都得请示汇报，自己根本做不了主。在官场打滚，不得不学会察言观色，更恼火的是每天都有没完没了的应酬。累呀！想想还不如做一个普通老百姓。”

金融机构是令多少人垂涎的职业，工作轻松体面，薪水不菲。谁料一位女士接上这个话茬就抱怨起来：“有什么好的？每天都像坐牢似的蹲在铁笼子里。精神时时处于高度紧张状态，唯恐出现什么差池，跟钱有关的差池谁都担当不起呀！”

一位做房地产生意的先生，有数百万的资产，谈及幸福感，他却摇头叹息道：“房地产这个职业竞争激烈，风险巨大，今天腰缠万贯，也许明天一觉醒来就成了穷光蛋。还是小职员好，稳定，没那么多烦心事。”

最后，采访者问这些受访者们，教师这一职业怎么样，他们一致连声大加赞赏，说光是一年的两个长假就让人羡慕，平常自由自在，业余生活又丰富。工作既做出了业绩，又培育了下一代，何乐而不为！

而被采访的教师在听到这一评价后惊呆了——当老师操心又费力，现在孩子叛逆得很，不好管，这样的职业还叫好？

说来说去，得出的结论是：我们都在抱怨自己的工作，而羡慕别人的职业。所谓的幸福，都在别人那里！

**思考分析：**

（1）为什么人们会总是抱怨自己的工作，而羡慕别人的职业？

（2）影响我们获得职业幸福感的最重要因素是什么？

### 3.1.1　认知职业幸福感

职业幸福感是员工对其所从事职业及目前工作状态在满意程度上的主观感受，是构成员工工作生活质量的一个关键因素。职业幸福感可具体解释为在其职业生涯中，需要得到满足，潜能得到发挥，从而自我价值得到实现并且得到外在和自我双重的良好评价，由此产生的一种持续快乐的心理感受和精神状态。因此生活幸福跟职业幸福感息息相关。一个人一旦从职业中体会到了愉悦，实现了自我，充实了人生，感受自由的需要，他与职业之间建立起一种活泼而丰富的关系，他就感受到生活的美满和充实。

随着社会改革的不断推进和物质生活的日益丰富，人们对于幸福的期望和追求也日益强烈。这就需要每一个职场人都具备较强的职业幸福感。但是，现实情况却不尽如人意。中国人力资源网曾经对企业员工的工作幸福指数情况进行调查，设定“工作幸福指数”的最高值为5，最低值为0，工作幸福指数的正面情绪体验调查结果表明，企业员工的正面情绪体验得分相对来说比较低，最高也只有2.2，最低则达到了1.47，而相应的负面情绪得分则相对较高。调查结果表明，关注员工的职业幸福感已经迫在眉睫。

关注员工的职业幸福感，提升员工的职业幸福感，不仅是事关企业腾飞的重要问题，而且也是事关人民幸福、社会和谐、国家稳定的重要问题。

（1）员工是企业的主体，企业的效益以及长足发展都与员工的整体素质和状态息息相关。如果企业具有一支身心健康、积极向上、能够以企业为荣、能够将企业当做自己的家一样去热爱的员工队伍，那么企业获得良好效益和长足发展则是必然的。而员工能否具备上述的状态，最关键的因素在于企业是否能够给予员工足够的职业幸福感。

（2）企业的立足和发展需要品牌，这个品牌既包括企业的产品或者服务质量过硬，也包括企业的管理科学有效。对企业而言，能够使员工获得足够的职业幸福感是证明企业管理卓有成效的重要标志。

（3）对于企业职工来说，是否拥有职业幸福感，既是对企业的满意程度、忠诚度的体现，又是个人生活质量的一个衡量。

（4）实现人们幸福感的最朴素的条件就是“安居乐业”，而安居乐业的一个重要前提就是人们必须要有稳定的收入来源，因而必须要有一个岗位、一份职业。在社会文明程度日益提升的今天，工作已经成为每一个人生活不可或缺的组成部分。所以，面对着巨大的生存压力和竞争日趋激烈的职场环境，人们在工作中能否感受到幸福，将是决定人们的生活能否真正幸福的重要因素之一。

（5）员工能够在工作中获得职业幸福感，实现个人价值，自然会拥有健康的身心。有了稳定的工作，自然会为家庭创造稳定的经济收入，会给家人带来富足幸福的生活。大多数的家庭氛围温馨了，整个社会的风气自然和谐了，社会稳定、经济发展、国家长治久安自然会轻松实现。

### 3.1.2 职业意识决定职业幸福感

既然职业幸福感对于个人、社会以及国家都具有非常重要的意义，培育职业幸福感自然是非常重要的一项工作。那么，职业幸福感的形成与哪些因素有关呢？

从本书第1章中关于职业意识的概念以及具体表现的阐述，我们不难发现，一个人是否能够获得职业幸福感，他的职业意识是否正确、是否符合实际、是否积极向上，是至关重要的。职业幸福感是职业意识的一种正面的、积极向上的表现，从这个角度讲，正确的职业意识的养成就是职业幸福感的培育。

因此，培育学生的职业幸福感，对于形成正确的职业意识具有重要意义。

**知识巩固**

（1）职业幸福感的内涵是什么？

（2）职业意识与职业幸福感的关系是什么？

（3）如何理解职业幸福感的重要意义？

**课堂测试**

## 幸福指数测试

请选择最贴近你当下观点的答案，并画出对应答案前面的符号。

（1）对于幸福，你是（　　）。

■追随

▲品尝

◆感受

●接受

（2）如果有15天的假期，你会（　　）。

▲在一个荒岛上享受清静

●和孩子们到乡下租一栋房子居住

◆学习潜水或书法

■和老朋友一起去旅游

(3) 最能让你想到幸福的动物是（ ）。

■马

●大象

▲猫

◆鸟

(4) 最令你激动的幸福是（ ）。

■救了一个人的性命

◆在夕阳中乘滑翔机飞跃一座山峰

▲在你的臂弯中让一个孩子安睡

●在斯德哥尔摩获得诺贝尔奖或是在好莱坞摘取奥斯卡桂冠

(5) 面对幸福，你会（ ）。

◆马上开始新计划

●试着回忆走过的路

■欢呼雀跃

▲闭上双眼细细品味

(6) 对于音乐，你更喜欢（ ）。

■和朋友一起去听音乐会

●收藏 CD，在想听的时候欣赏

◆演奏

▲时常回忆并随口哼唱

(7) 选一个动词来描述幸福（ ）

◆前进

●建设

▲放弃

■分享

(8) 最美的死亡是（ ）。

▲在熟睡之中

■在学习的时候

●在一次家庭聚会之中

◆正在忙碌于一项你热爱的工作时

(9) 面对喜欢的房子，最幸福的是（ ）。

■建造它

◆维修并装饰它

●住在里面

▲离开它又再次找到它

(10) 和孩子在一起最幸福的是(　　)。

◆教会他/她一些事情

▲听他/她说话

■分享他/她的玩具

●看着他/她生活

请根据答题情况，填写表 3-1，每个符号计 1 分，得出每种幸福类型的最终得分。

表 3-1　答题统计表

| 幸福类型 | 行动■ | 满足● | 控制◆ | 平静▲ |
|---|---|---|---|---|
| 符号数量 | | | | |
| 项目得分 | | | | |

得分可以是 0~10。某项得分越高，你就越贴近这种幸福类型。也可以思考一下其他得分较多的幸福类型，这是你提高幸福感的发展方向。

**课后作业**

请进行一次简单的社会调查，了解一下你身边的亲属、朋友，他们在职场里是否具有较强的幸福感？幸福或者不幸福的原因是什么？

## 3.2　影响职业幸福感形成的因素

【案例 3-2】

### 职场快乐的收获

安红是带着自己的梦想应聘到新闻栏目组的，开始的时候充满了激情和动力。后来她发现，每天的工作就是节目介绍和报时，内容形式一成不变不说，而且需要不断地重复相同的内容。久而久之，激情慢慢退却，动力也逐渐丧失，她的心情极度糟糕，她越来越觉得这个工作简直就是一种负担。

更加糟糕的是，因为她的情绪和工作态度，同事越来越不喜欢她，与她越来越合不来，这形成了一种恶性循环，她的心情更加沉重。

直到有一天她突然想到：不能再这样下去了，我要改变目前的状态。那就先从问题的根源，也就是工作的内容和形式改起吧！我要尝试在刻板的台词中加入自己的心里话，使别人的台词说出自己的心声。

后来她发现，晚间节目介绍的前10秒钟是她的自由时间，可由她来自由支配。“北京昨天刮大风了”，“秋天的落叶纷纷扬扬，真漂亮”，“香山公园的枫叶红了”……这短短的10秒钟，令她的心情彻底改变了，每日一句成了她一天中最大的乐趣。

渐渐地，暗淡的心情重归开朗，而她那颇具创意的每日一句也在听众中赢得广泛好评，原本僵硬死板的节目介绍也因为她的一句妙语而变得温馨无限，使人闻之如饮甘泉。

周围朋友对她也大加赞赏：“干得不错嘛！看你，越来越神采飞扬了！”周围人的赞赏令她激情无限，工作越做越好。不久，她就被提拔到了新闻主播的位置。

**思考分析**

（1）安红不快乐的原因是什么？

（2）她后来的成功的最根本因素是什么？

## 知识链接

### 3.2.1 影响中职学生职业幸福感形成的因素

影响中职学生未来职业幸福感形成的因素包括如下几个方面：

（1）学生是否热爱就读的学校。学生对学校满意度的高低，反映出的是学校教育的成功与失败。如果学生上这个院校已情非本愿，而学校又只重管理，缺乏对学生的理想、信念的再塑造，再加之吝于对学生的人文关怀与人性关照，学生就没有奋斗目标，更没有努力的动力。这些学生中考失利，对前途迷茫彷徨，又正处于叛逆的青春期，一个不喜欢学校的学生，他对学习和自己的成长采取的是完全放弃的态度，时间与生命在浑浑噩噩、百无聊赖中被挥霍掉了，没有了努力，也便不会有收获与成长，又何谈什么将来的职业幸福感呢。

因此，中职学生的理想教育至关重要，应是学校德育教育中的核心。一个学校最终要将学生塑造成什么样的人，应有宗旨与校训，要广而告之，并让刚进校的学生心知肚明，使其有一个新的奋斗目标，保有生命的力量与生活斗志，借此重铸学生积极向上、生机勃勃的少年精神气质。

（2）学生是否热爱所学的专业。学生上职业院校，就是来学技术的。但调查结果表明，很多学生对自己专业的了解几乎是零。学生初中毕业一脚踏入职业院校，从语、数、外的理论课学习，直接进入到专业课学习，学生对专业课不了解，更没有兴趣。专业课的学习，就在这种稀里糊涂中过去了，学生听不懂，学不懂。实习课学生虽然很重视，但因为专业基础知识太差，提高实习操作能力，又谈何容易。如何让学生的思维方式、学习方法，能有一个自然的过度，是学校要力抓的。培养学生的学习兴趣，传授给学生学习专业课的方法，营造学习氛围，增强学生学习的自信心，培养学生“干一行爱一行”的职业素养，这些都是学校应当尽快解决的问题。因此，对于中职学生不能一味强化责任，而忽视挖掘学生内在的生命能量，应根据中职学生实际，通过学生自主的人生规划活动，明确每个人的人生愿景、职业目标。

（3）学生是否具备基本的职业素养和能力。大多数中职学生思想幼稚，对社会不了解，对用人单位对职工的要求不清楚，职业能力较低。在校期间学生就应该养成踏实肯干的工作态度、自我学习发展的能力、良好的与人沟通能力、团队合作能力以及良好的生活习惯，这样学生在步入社会后，就能成为一个具有良好适应能力的社会人，能获得较高的职业幸福感。而这些能力的培养，应渗透到各门课程的教学过程中或者各种活动过程中。例如，通过教学中的小组教学方式，培养团队合作能力；通过卫生扫除，培养学生的劳动观念和踏实肯干的精神；通过社会实践活动，培养学生待人接物的礼貌表现、穿衣打扮的庄重大方等等。

（4）学生是否具备正确的就业观和良好的择业心态。近几年职业院校毕业生就业呈现出就业率高，但专业对口率低，薪水低，满意度低的问题。造成就业稳定性差，跳槽比较频繁，尤其对首次就业单位的忠诚度较差，因此学校要引导学生转变就业观念。要抛弃专业对口的强烈愿望，从生产一线做起，埋头苦干，树立发展意识，多学习，求发展，不断得到岗位的调整或晋升。

总之，中职毕业生要形成职业幸福感，就要树立正确的人生观、价值观，要有理想有自信，要注重综合的职业素养能力培养，如适应环境的能力、发展自我的能力、学习能力、专业能力、人际交往能力。此外学校也要完善就业服务体系，做好就业质量跟踪，加强职业指导教育，并关注学生的心灵，使他们能顺利走上工作岗位。

### 3.2.2 影响职场人职业幸福感形成的因素

影响职场人职业幸福感的因素很多，正如人们对于幸福的感受一样，有客观外部环境的影响，但更多的是来源于自身内心的感受，真正的幸福和快乐永远不会是由简单的物质带来的。马斯洛的层次需求理论和弗鲁姆的期望理论都证明了这一点，这两个理论分别从人的需求和期望两个不同的角度描述了人思想的不断进步、不断追求自我满足，都是在表明人生的最大幸福在于当自我价值得到认可的时候的那种充实、满足与骄傲。身在职场的每一个人，当自己的工作能力、成绩得到同仁的佩服和领导的赏识，当自己的为人处世赢得团队的认可，当自己日益提升的收入能够给家人带来稳定而富足的生活，当自己身在职场因为内心自信强大而日益淡定豁达时，我们就真正获得了职业幸福感了。

职业幸福感无疑是来源于职场本身的，身在职场，如果要想拥有能力、成绩，获得认可、赏识，使家人因你而富足幸福，使自己内心强大而淡定，就必须要具备并不断提升自己的核心职业素养。

## 知识巩固

（1）阐述影响职业院校毕业生未来职业幸福感形成的因素。

（2）概括并阐述职场人职业幸福感形成的影响因素。

## 课堂测试

### 请认真完成《影响职业院校学生在校期间形成职业幸福感的因素调研问卷》

（1）上职业院校，你是（　　）。

A 家长主张

B 自己的选择

C 被动选择

D 他人建议

（2）你在学校的学习生活态度是（　　）。

A 认真学习

B 边学边玩

C 以玩为主

D 混日子

（3）你能服从班主任、任课老师的管理吗，为什么？

______________________________

______________________________

（4）你认为在中职学校能学到知识与技能吗？（　　）

A 能

B 不能

C 一般

（5）你认为学校对学生的管理是（　　）。

A 严中有爱，合理到位

B 一味严厉，疏于教育

C 过于宽松，管理混乱

D 教育不深入，不利于学生成长

（6）你喜欢你目前所在的学校吗？（　　）

A 喜欢

B 一般

C 不喜欢

（7）你喜欢自己的专业吗？（　　）

A 喜欢

B 一般

C 不喜欢

（8）你是否了解自己专业的特点、最前沿的科学技术、有知名度的大企业？（　　）

A 了解

B 不了解

C 一般

（9）你认为学校理论学习时间与实习时间的分配合理吗？你有什么建议？

______________________________________________

______________________________________________

（10）你认为下列哪点最重要？（　　）

A 知识与能力并重

B 只学好技术就可以

C 上好课，学好理论知识

（11）你认为所在学校的专业课教学水平是（　　）。

A 优秀

B 良好

C 一般

D 较差

（12）你对所在学校的满意程度为（　　）。

A 非常满意

B 满意

C 一般

D 不满意

（13）你觉得自己是一个有信心的人吗？（　　）

A 是

B 不是

C 不知道

(14) 你有人生信念吗？如果有，是什么？

______________________________________________

______________________________________________

(15) 你认为想要取得成功，最重要的一点是（　　）。

A 踏实吃苦的生活态度

B 过硬的技术本领

C 较强的交际能力

D 继续学习求发展的能力

(16) 当遇到有人向你无理挑衅时，你会怎么办？（　　）

A 上前质问，发生冲突

B 冷静处理，以理服人

C 及时报警，等待救助

D 自动走开，不予理睬

(17) 你参加了学校的哪些业余文化活动？有什么收获？

______________________________________________

______________________________________________

(18) 职业院校毕业后，你希望找到一个什么样子的工作？月薪希望是多少？你认为可以实现吗？

______________________________________________

______________________________________________

(19) 你认为学校对学生的职业指导教育是否到位？（　　）

A 到位

B 不到位

C 一般

(20) 你是否做过职业生涯规划？（　　）

A 有

B 没有

(21) 你认为要找到一个好工作，首先自己要具备的素质与能力是（　　）。

A 绝对服从管理的素质

B 善于与人相处较强的表达能力

C 高超的技术本领

D 团结合作的能力

(22) 你会选择的岗位是（　　）。

A 轻松的

B 薪水高

C 有发展前途的

D 薪水低

（23）你对自己未来的职业生涯是否感到忧虑？（ ）

A 是

B 不是

（24）如果将来的工作单位，有些地方令你不太满意，你会（ ）。

A 辞职

B 看看再说

C 主动改变自己适应环境

D 找领导提意见

（25）你如何理解“不想当将军的士兵不是好士兵”这句话？

______________________________

______________________________

（26）你如何看待劳动者？

______________________________

______________________________

（27）你的金钱观是什么样的？

______________________________

______________________________

（28）你认为如何才能过上幸福生活？（ ）

A 自食其力

B 在家靠父母出门靠朋友

C 没想过

（29）你认为幸福是（ ）。

A 健康

B 财富

C 亲情

D 爱情

E 其他

（30）你对现在的学习生活满意度为（ ）。

A 非常满意

B 很不满意

C 一般

D 其他

(31) 你认为你在学校有成就感吗？如果有，表现在哪些方面？

### 课后练习

小杨一毕业就进入一家大型的房地产公司，待遇非常好，应该说是很多人都羡慕的职业了。

但是由于这是一个管理非常严格的大企业，所以人员的分工很细，员工的晋升也很缓慢，小杨最开始只需要做一些类似于打水、做卫生等简单、枯燥、没有挑战性的工作。在一年之后，小杨一冲动，辞去工作，去了一家小型的广告公司。他以为可以开始激情而富有变化的生活，收获的却是可怜的薪水和老板刻薄的剥削。

小杨这时开始后悔了，于是又跳槽，还是去了一家跟房地产有关的公司，但是自己跳来跳去没有足够的资历，只能又从底层做起。后来，小杨又换了两次工作，都没有得到预期的结果。三年过去了，这时，她开始反思，觉得自己第一次跳槽就是个错误：因为第一家公司本身有雄厚的实力，充满各种机会，也适应自己的专业所学。只要耐心地坚持下去，今天的她，已经事业、收入双丰收了，而不会像现在这样，没有专长，又没有资历，去哪里都是要重新开始。

**思考分析：**

(1) 你认为小杨的职业生涯经历如何？

(2) 你如何理解小杨最后对于自己的评价？

(3) 如果你是小杨，如果可以一切重新开始的话，你会怎么做？

## 3.3　职业幸福感的形成

### 【案例 3-3】

#### 窦铁成的成功

窦铁成，中国中铁一局电务公司电力高级技师，因为在工作上的出色表现以及对于企业的突出贡献，2007 年被中国铁路工程总公司授予“劳动模范”称号。虽然他只有初中文凭，但是因为给企业创造了上千万元效益，所以被称为“电力专家”、“金牌员工”、“工人教授”。窦铁成在平凡的岗位上做出了不平凡的贡献。

窦铁成的成功在于他的“五种精神”，这五种精神使得他能够几十年如一日地默默在本职岗位上刻苦钻研、执著奋斗，能够让他感觉到工作是一种幸福快乐，即便再苦再累也是心甘情愿。五种精神中最重要的一点就是忠诚企业，爱企如家的主人翁精神。他坚持把工地当做自己的家，把岗位当做实现抱负的舞台，把发展企业当做实现人生价值的追求，把个人的理想追求融入到企业的发展之中。

有一天，窦铁成刚参加工作不久的徒弟李洪江看见窦师傅在变电所的院里捡起两颗生锈的螺丝，很不理解。窦师傅说：“你不知道，这是宝贝！”他将这两颗螺丝认真地用油浸泡去锈，然后仔细地用塑料袋包好。

有次测试线路时，需要更换锈断的螺丝，怎么找都找不到合适的，大家很着急。这时，只见窦师傅从身上掏出个小包，打开。李洪江一看，里面是各种型号规格的螺丝，上次师父在院里捡的那两颗自然也在其中。

窦师傅乐呵呵地对李洪江说：“你看，派上用场了吧！这些都是我平时收集的！”

李洪江动情地说：“现在这个社会，爱企如家对很多人来说是口号，可我师父，真的是把企业当成自己的家了！”

窦铁成也常说：“企业和国家培养了我，我愿意为企业为国家奉献一辈子。企业就是我的家，为企业做再多的事都是应该的。”

一个人在选择工作态度时，其实也在选择人生。懂得“工作塑造人”的道理的人，其人生结局就不会太坏。所以，在工作面前，态度决定一切。没有不重要的工作，只有不重视工作的人。只有态度改变了，我们才能改变事情。有什么样的态度就会产生什么样的行为，而行为决定结果。

**思考分析：**

（1）窦铁成的成功原因是什么？

（2）窦铁成是否具有较强的职业幸福感？为什么？

## 知识链接

### 3.3.1 品味传统文化中的职业幸福观

中国传统文化中关于幸福的讨论，把智慧贯穿于对日常生活的理解中间，通过对理想、人生的探讨，提出了幸福形成的根源。这些论述，同样对于职业幸福观的形成有着重要的借鉴意义。我们可以从《论语》中解读儒家的幸福观，从老庄哲学中汲取生命的智慧，培养我们的职业幸福感。

#### 3.3.1.1 培养职场中仁的理念

据《论语·述而》记载，孔子曾对他的弟子说，“饭疏食饮水，曲肱而枕之，乐亦在其中矣。不义而富且贵，於我如浮云。”意思是说，虽然吃着粗糙的食物，住着简陋的住所，但仍感到乐在其中。对于那种违背道义而取得的财富和尊位，我视其如同天上转眼即逝的浮云。这个故事道出了孔子的生活态度，说明他把对“道义”的追求看得高于一切。他的得意门生颜回，也有着与孔子一样的精神境界，所以孔子称赞他“一箪食，一瓢饮，在陋巷。人不堪其忧，回也不改其乐。贤哉，回也!”（《论语·雍也》）意思是说，颜回平时的生活，不过是一盒饭，一瓢水，住在破旧的巷子里，别人受不了这样的忧愁，但颜回却能自得其乐而没有一点动摇，颜回真是有贤德的人呵！孔子称赞的正是颜回那种“安贫乐道”的精神和境界。那么，孔颜之乐，所乐何事呢？显然他们所乐的正是人生之正道，这种道也就是合乎正义、有益于社会的生活准则和精神境界。在这里，孔子和颜回所乐的“道”，其核心精神就是孔子常说的仁。“仁者爱人”，如果一个人能在自己的日常生活中，具备仁心，力行仁德，以仁爱的原则处理自己与他人的关系，处处以仁爱、宽厚的心态和情感关爱他人，善待社会，并且不断反省自身是否时时做到了仁，这样就会像宋代大儒朱熹所说的“仰不愧，俯不怍，其乐可知”，也就是抬头无愧于上天，俯首对得起自己的良心，便可以心安理得地面对这个世界，这其中的快乐可想而知。

这个道理同样适用于职场。所谓职场如人生，我们在团队里面以仁爱的原则处理和领导、同事以及客户的关系，处处以仁爱、宽厚的心态和情感关爱他人，那么自然会得到包括领导在内的大多数人的认可，在团队中拥有坚实的群众基础，自然在工作中会更容易取得成功，职业幸福感自然会更快更多地产生。

3.3.1.2　己所不欲，勿施于人

幸福并不是一个人自己独处的幸福，因为我们生活在家庭、社会和国家中，是群体的一分子。所以我们自己的幸福，也取决于我们能否给别人带来幸福。正如《论语·雍也》所说：“己欲立而立人，己欲达而达人。”这里的“达”，不能单从它的政治性来诠释，从儒家仁爱观念的角度来说，“达”有达观、豁达之意。生存在一个社会圈中，差异性在所难免。重要的是我们以什么样的态度来达到和谐，《论语·颜渊》告诉我们：“己所不欲，勿施于人”，这是孔子提出的处理人际关系的准则，被人们称为“黄金律”。孔子以自己的感受来判断与取舍，自己不希望的，也就不强加于别人；自己希望这样，就希望别人也这样，君子成人之美，这就达到很高的为人境界，体现了一个儒者该有的豁达胸襟。十八世纪法国思想家伏尔泰对中国文化赞扬有加，他的自然神论的基本特征便是孔子“己所不欲，勿施于人”的道德规范。在职场中，复杂的人际关系、森严的上下级以及充满挑战性的业务关系，更需要我们做到这一点。普通员工做到了，会获得领导的赏识、同事的认可，会获得发展的基础和机会；领导做到了，会获得威望、树立威信，使自己在团队中更具有权威性。这样，自然职业幸福感会油然而生。

#### 3.3.1.3 职场中应更多关注精神快乐

有人存在，就有人际关系，个人与个人之间，个人与集体、国家、社会之间乃至国家与国家之间，都需要一个相处的准则。个人自身的生存与延续后代的权利，保护自己合法财产的权利，维护自我尊严的权利以及种种祈求幸福快乐的心理，这一般都是人之所欲。自然界之灾祸，谁都无法控制，然而人为的苦痛，人可以自己设法避免。那么，每个人都在向往着幸福，人与人之间多一点善解人意之举，多一些忍耐，这样的生存环境就为自己的幸福提供了可能性。儒家幸福观主要体现在关于人生理想的论述中，他们认为精神快乐重于物质享受，社会幸福重于个人幸福；认为每个人都可以通过学习成为君子，成为有道德的人，向内修身养性，形成仁义礼智信良好的道德品质，向外齐家、治国、平天下，求取功名，行中庸之道，不走极端，处理好人际关系；提倡积极进取，奋发有为的人生，以实现自己个人的自我价值。

上述内容于职场的借鉴意义在于，我们对于职场的追求，不能过多地考虑单纯的福利待遇、经济收入，而应该更多地关注自己在职场中的精神追求。比如良好的人际关系、领导的认可和同事的尊重、游刃有余的业务能力等。这些因素对于职业幸福感形成的影响，比单纯的物质条件更为强烈。

### 3.3.2 培育工匠精神形成职业幸福感

2016年3月5日，国务院总理李克强在第十二届全国人民代表大会第四次会议作政府工作报告时提出，鼓励企业开展个性化定制、柔性化生产，培育精益求精的工匠精神，增品种、提品质、创品牌。这是“工匠精神”首次出现在中央政府工作报告之中，透露中国领导者对现实的判断与方向感。“工匠精神”也因此成为当今的热议话题。紧接着，中央电视台纪录片《大国工匠》的播出，让大国工匠这个名词妇孺皆知。片中讲述了高凤林等八位不同岗位的劳动者，靠着自己过硬的技术，用灵巧的双手，创造了一个又一个奇迹，在平凡的岗位上追求职业技能的完美，最终脱颖而出，为民谋福，贡献社会。大国工匠的感人故事，生动地表明，只有那些热爱本职工作，脚踏实地、勤勤恳恳、兢兢业业、尽职尽责、精益求精的人，才可能成就一番事业，才能够实现自己的人生价值。

那么如何在职场践行工匠精神才能获得职业幸福感呢？

（1）爱上你的工作，工作才能爱上你并给予你很多。爱岗敬业是工匠精神的本质，所谓“敬业乐业”，就是干一行爱一行，爱一行专一行。无论从事什么行业，我们首先要热爱自己的工作，《论语》中有这样一句话：“知之者不如好之者，好之者不如乐之者。”这句话高度概括了工匠精神这一本质特点。凡是真正的工匠，必然是热爱自己的工作和岗位的，这种爱是真挚而热烈的，没有这份发自内心的强烈的热爱，他们很难长年累月一如既往地投入到工作之中，并乐此不疲地去不断提升和完善自己。

(2) 正确地工作胜过找到“正确”的工作。勤奋踏实是工匠精神的精髓，以脚踏实地、责任担当、锐意进取的工匠精神，面对手头一份实际工作，远远胜过抱着个人兴趣、激情、梦想等玫瑰色幻想持续跳槽去寻求一份“完美工作”来得实惠。美国作家卡尔·纽波特在其管理学著作《优秀到不能被忽视》中所言，“‘正确地工作’胜过‘找到正确的工作’。要想获得职业幸福感，需要的不是什么完美的工作，而是以一个更好的方式来对待现有的工作。只要持续努力，任何正当工作都能发展成为一份有着巨大吸引力的理想职业。”

(3) 扛起责任的大旗，用责任心来成就伟大。责任心是工匠精神的核心，是传承和成就工匠精神的重要因素。《论语》中曾子曾说过：“士不可以不弘毅，任重而道远。任以为己任，不亦重乎？死而后已，不亦远乎？”这句话强调的是责任心对于一个人的重要意义。责任，是一个永恒的话题，它贯穿于“工匠精神”的始终，千百年来，责任作为备受人们推崇的核心价值理念，体现着最基本的职业精神和商业精神。

(4) 专注于自己的专业，大胆创新和突破。创造创新是工匠精神的延伸，是工匠精神获得持续发展的必然条件。职场新人要获得工作经验、智慧、创新创效工作方式方法等在企业组织及人才竞争市场的安身立命之本，显然并非一朝一夕之事，要以锐意精进、寻求反馈、持续改进、追求卓越的工匠精神，在岗位工作中持之以恒付出心血汗水。如果每天按部就班、敷衍应付地从事简单、琐碎的事务性工作，即使工作资历再长，也无法积累真正的工作智慧。要在干好日常岗位工作及紧急事务基础上，始终聚焦于重要的、有价值的精要事项，持续寻求改进工作方式方法，创新创效岗位价值及增值价值；在团队项目开展、组织发展遭遇各种困境和难题时，主动作为运用自身智慧不断寻求问题的建设性解决方案，而非逃避推诿、缺乏担当。

### 3.3.3 构建企业文化提升职业幸福感

十八大报告指出：“文化是民族的血脉，是人民的精神家园。全面建成小康社会，实现中华民族伟大复兴，必须推动社会主义文化大发展大繁荣，兴起社会主义文化建设新高潮，提高国家文化软实力，发挥文化引领风尚、教育人民、服务社会、推动发展的作用。”在全面建成小康社会的进程中，要发挥企业文化的导向功能、约束功能、凝聚功能、激励功能，在员工中形成一种自我调适机制，进而使企业文化的正能量，通过多种渠道对社会产生积极影响。

(1) 将企业的核心理念，转化为员工的行为准则。企业文化是由企业领导人倡导，员工参与，靠全体员工的自我约束、自我教育，逐步形成的。在企业长期生产经营过程中，通过企业核心理念的贯彻，形成全体员工相同的价值观念、共识共守的行为规范。

企业精神是企业员工所共同具有的、彼此共鸣的内心态度、思想境界、精神风貌与行为作风。企业的核心理念是企业文化的沉积，是竞争对手所无法复制的精髓。因此。企业必须始终如一地贯彻核心理念，企业的各级领导要带领全体员工落实核心理念，将核心理念融入制度，不断完善工作制度、责任制度，通过制度的严格执行，使之成为大家的行为准则。

（2）将企业的价值观，转化为员工的自觉行动。企业的价值观是企业全体员工共同的价值准则，是企业员工对企业存在的意义、经营理念、经营目的的价值评价和为之追求的整体化群体意识。企业价值观是企业文化的核心内容，企业价值观决定着员工行为的取向。企业的核心价值观转化为员工的自觉行动，将会产生巨大的能量。从某种程度上说，企业文化的建设过程，就是个人价值观被组织价值观同化的过程。

（3）营造良好的氛围，提升员工的职业幸福感。一个和谐企业的氛围是在一点一滴、日积月累中形成的，而且首先是从努力提升员工幸福感开始的。提升员工幸福感，既是企业的职责，也是企业发展的必然需求与前提。制定公平公正的规则，如奖惩规则、培训规则、晋升规则，构建具有激励性的管理体系，形成轻松有趣高效的工作氛围。这样才能让员工感觉到被尊重、被信任、被关怀，才能让员工认同企业的价值观，才能给所有员工提供发展的舞台，让所有员工充分地施展才华。在这样的过程中，员工才能感受幸福、体验幸福、共享幸福。

## 知识巩固

（1）如何从中国传统文化中汲取营养，培育良好的职业幸福感？

（2）如何通过践行工匠精神，培育良好的职业幸福感？

（3）如何通过建立企业文化，培育职工的职业幸福感？

## 课堂测试

### 责任心测试

假日到公园里享受悠闲时光，你通常会选择什么地方坐着来消磨时间？

A 能看到人来人往的小径坐椅上

B 杨柳依依的湖畔边

C 可以遮阳的凉亭内

D 枝叶繁茂的大树底下

**测试结果分析：**

（1）选“能看到人来人往的小径坐椅上”。你时常会把许多大小事情揽在自己身上，有时不该是你责任范围的事，也不知为何全落到你的头上来。如果你是真心想担起责任的话，当然没问题，可是如果你每次都为莫名其妙就身负重任而苦恼不已的话，那你就得学习着如何适时拒绝，或者表达出自己的反对意见。

（2）选“杨柳依依的湖畔边”。你还算是有责任感的人，但是并不会去承担一些额外的责任。只要是自己分内的事，或者是自己捅出来的错误，你会站出来负责到底，找办法补救，但是如果有人希望你多负担点不属于你的责任，可能就要有利益引诱，才能够说动你呢。

（3）选“可以遮阳的凉亭内”。有点小聪明的你，非常懂得求救示警，每当有事情发生时，第一个会让你想到的解决之道就是找人帮忙。当然这也算是一种负责任的方式，不过可能会让有些人觉得你不能负责，而想推卸给其他人。所以做事的时候，你应该表现出勇于负责的态度，先想办法自己解决，免得被批评。

（4）选“枝叶繁茂的大树底下”。你最怕别人叫你负责，只要是必须肩负重责大任的工作，你总是会考虑再三，能不要就不要。但这并不是说你没有责任感，只是你觉得一旦答应他人，就应该负责到底，因此怕麻烦的你，总是希望能省一事就省一事。

## 课后练习

### 你的团队合作指数

（1）在组织中我总是不敢指出别人的错误（　　）。

A 是的

B 有时如此

C 不是的

（2）我对于工作的思路一直是（　　）。

A 比较先进

B 一般

C 比较保守

（3）当我在工作上说谎时，总是觉得内心羞愧（　　）。

A 是的

B 不一定

C 不是的

（4）我觉得在职场中我确实比别人高明一些。（　　）

A 是的

B 不一定

C 不是的

(5) 即使让我做一些不平凡的工作，我也会安心的（　　）。

A 是的

B 不太确定

C 不是的

(6) 我不太喜欢在工作中争强好胜的人（　　）。

A 是的

B 介于两者之间

C 不是的

(7) 在工作中，如果我的意见与老板的不同，我常常（　　）。

A 保持沉默

B 不一定

C 当场表明我的立场

(8) 如果急于想借同事的东西，而同事又不在时，我认为自己拿来也没有什么关系。（　　）

A 是的

B 介于两者之间

C 不是的

(9) 如果我到一个新的城市出差，我会（　　）。

A 到处闲逛

B 不确定

C 避免去不安全的地方

(10) 我对于工作上的任何问题都有一些见解，大家都认为我是一个有头脑的人（　　）。

A 是的

B 介于两者之间

C 不是的

**注**：1、3、5、6、7 题 A、B、C 选项分别为 0、1、2；其他题分别为 2、1、0。

**评价**：以上 10 题在人群中最高分为 20 分，最低分为 0 分，得分越高表明越是好强和固执，在团队中比较倾向于单干，得分越低表明你就越是个谦虚低调的人，比较注重团队合作。

# 4 职业精神与工匠精神

## 4.1 认知职业精神与工匠精神

【案例 4-1】

### 寿司第一人——小野二郎

1925 年出生的小野二郎是全球最年长的米其林三星大厨，被誉为“寿司之神”。在日本地位崇高，“寿司第一人”的美誉更远播全世界。一直以来，小野二郎都在做寿司，他永远以最高标准要求自己跟学徒，根据客人的用餐状况微调寿司，确保客人享受到终极美味。为了保护创造寿司的双手，不工作时永远戴着手套，连睡觉也不摘。

他的寿司店“数寄屋桥次郎”远近驰名，从选材、制作到入口瞬间，每个步骤都经过缜密计算。这间隐身东京办公大楼地下室的小店面，曾连续两年荣获美食圣经《米其林指南》三颗星最高评鉴，被誉为值得花一辈子排队等待的美味。

小野二郎总是对自己和学徒们说：“要向前看，超越自己。始终努力，精益求精，努力不懈地提高自己的手艺。”他似乎没有疲惫、厌倦的时刻，不断地探索怎样才能做出更好的寿司。如果要用一句话来形容小野二郎这个人，那就是“纯粹”——对制作寿司有着纯粹的热情、纯粹的热爱。从事寿司行业到现在，一路走来，他拒绝了诱惑，耐住了寂寞，克服了困难，从来没有舍弃过满腔的热情，始终如一地坚持在追求更高超的寿司制作手艺的道路上不懈努力。

有人说过“成功没有捷径，也没有秘诀，只有靠坚持”。而对于小野二郎来说，这恰恰是他成功的秘诀。“一旦你决定好职业，你必须爱自己的工作，你必须全身心地投入到工作之中，不要有怨言，你要穷尽一生磨炼技能，这就是成功的秘诀，也是让别人敬重的关键。”这句话或许让许多人有所感触：我想要取得怎样的成功？我要怎样取得成功？小野二郎用自身给了我们很好的答案。用一生去做一件事情，无论大小，将全部精神贯注于一点，这其实就是一种巨大的成功。

**思考分析：**

（1）从小野二郎的从业经历中，你得到哪些收获？

（2）作为一名职业院校的学生，你是否已经确立的自己的职业目标？是什么？

**知识链接**

### 4.1.1 职业精神的概念及特征

社会发展的进程表明，人类的职业生活是一个历史范畴。一般来说，职业就是人们由于社会分工和生产内部的劳动分工，而长期从事的具有专门业务和特定职责，并以此作为主要生活来源的社会活动。人们在一定的职业生活中能动地表现自己，就形成了一定的职业精神。

职业作为社会关系的一个重要方面，对社会成员的精神生活和精神传统产生着重大影响。

（1）职业分工及由此决定的从事不同职业的人们对社会所承担的责任不同，影响着人们对生活目标的确立和对人生道路的选择，以至在很大程度上影响着人们的人生观、价值观和职业观。

（2）人们的职业活动方式以及人们对职业利益和义务的认识，对职业精神的形成有着决定性的作用。一个人一旦从事特定的职业，就直接承担着一定的职业责任，并且这个责任同他所从事的职业利益紧密地联系在一起。他对一定职业的整体利益的认识，促进其对于具体社会义务的文化自觉。这种文化自觉，可以逐步形成职业道德，并进而升华为职业精神。

（3）职业活动的环境、内容和方式以及职业内部的相互作用，强烈地影响着人们的情趣、爱好以及性格和作风。其中包含着特定的精神涵养和情操，反映着从业者在职业品质和境界上的特殊性。

可见，职业精神是与人们的职业活动紧密联系、具有自身职业特征的精神，反映出一个人的职业素质。

### 4.1.2 职业精神的组成要素

社会主义职业精神是由职业理想、职业态度、职业责任、职业技能、职业纪律、职业良心、职业信誉、职业作风等多种要素构成的。这些要素分别从特定方面反映出社会主义职业精神的特定本质和基础，同时又相互配合，形成严谨的职业精神模式。

（1）职业理想。社会主义职业精神所提倡的职业理想，主张各行各业的从业者，放眼社会利益，努力做好本职工作，全心全意为人民服务、为社会主义服务。这种职业理想，是社会主义职业精神的灵魂。一般说来，从业者对职业的要求可以概括为三个方面——维持生活、完善自我和服务社会。这三个方面在社会主义初级阶段的职业选择中都是必需的。社会主义社会的公民在选择职业时应该把服务社会放在首位。因为，只有从社会的整体利益出发，人们分别从事社会所需要的各种职业，社会才能顺利地前进和发展。也只有在这个基础上，广大社会成员包括从业者自身，才能过上幸福的生活。

（2）职业态度。树立正确的职业态度是从业者做好本职工作的前提。职业态度具有经济学和伦理学的双重意义，它不仅揭示从业者在职业生活中的客观状况、参与社会生产的方式，同时也揭示他们的主观态度。其中，与职业有关的价值观念对职业态度有着特殊的影响。一个从业者从业积极性的高低和完成职业的好坏，在很大程度上取决于他的职业价值观念。职业伦理学研究表明，先进生产者的职业态度指标最高。因此，改善职业态度对于培育社会主义职业精神有着十分重要的意义。

（3）职业责任。这包括职业团体责任和从业者个体责任两个方面。例如，企业是拥有生产经营所必需的责、权、利的经济实体。在国家与企业的责、权、利关系中，责是主导方面。现代企业制度不仅正确划分了国家与企业的责、权、利，使三者有机地结合起来，而且也规定了企业与从业者的责、权、利，并使三者有机地结合起来。这里的关键在于，要促进从业者把客观的职业责任变成自觉履行的道德义务，这是社会主义职业精神的一个重要内容。

（4）职业技能。在社会主义现代化建设中，职业对职业技能的要求越来越高，不但需要科学技术专家，而且迫切需要千百万受过良好职业技术教育的初/中级技术人员、管理人员、技工和其他具有一定科学文化知识和技能的熟练从业者。没有这样一支劳动者大军，先进的科学技术和先进的设备就不能成为现实的社会生产力。我国经济建设实践证明，各级科技人员之间以及科技人员和工人之间都应有恰当的比例，只有这样生产建设才能顺利进行。良好的职业技能具有深刻的职业精神价值。

（5）职业纪律。社会主义职业纪律是从业者在利益、信念、目标基本一致的基础上所形成的高度自觉的新型纪律。从业者理解了这个道理，就能够把职业纪律由外在的强制力转化为内在的约束力。从根本上说，社会主义职业纪律可以保障从业者的自由和人权，保障从业者发挥主动性和创造性。因此，职业纪律虽然有强制性的一面，但更有为从业者的内心信念所支持、自觉遵守的一面，因此职业纪律具有丰富的精神内涵。自觉的意志表示和服从职业的要求，这两种因素的统一构成了社会主义职业纪律的基础。这种职业纪律是社会主义法规性和道德性的统一。

（6）职业良心。这是从业者对职业责任的自觉意识，在人们的职业生活中有着巨大的作用，贯穿于职业行为过程的各个阶段，成为从业者重要的精神支柱。职业良心能依据履行责任的要求，对行为的动机进行自我检查，对行为活动进行自我监督。在职业行为之后，能够对行为的结果和影响作出评价。对于履行了职业责任形成的良好后果和影响，会得到内心的满足和欣慰；反之，则进行内心的谴责，表现出内疚和悔恨。

（7）职业信誉。它是职业责任和职业良心的价值尺度，包括对职业行为的社会价值所做出的客观评价和正确的认识。从主观方面看，职业信誉是职业良心中知耻心、自尊心、自爱心的表现。职业良心中的这些方面，能使一个人自觉地按照客观要求的尺度去履行义务，宁愿做出自我牺牲也不愿违背职业良心，做出可耻、毁誉和损害职业精神的事情。在这个意义上，职业信誉鲜明地体现着“全心全意为人民服务”的职业理想和主人翁的职业态度。从客观方面说，职业信誉是社会对职业集团和从业者的肯定性评价，是职业行为的价值体现或价值尺度。同时，职业信誉又要求从业者提高职业技能，遵守职业纪律。社会主义职业精神强调职业信誉，更重视把社会的客观评价转化为从业者的自我评价，促使从业者自觉发扬社会主义职业精神。

（8）职业作风。它是从业者在其职业实践中所表现的一贯态度。从总体上看，职业作风是职业精神在从业者职业生活中的习惯性表现。社会主义职业作风具有潜移默化的教育作用。它好比一个大熔炉，能把新的成员锻炼成坚强的从业者，使老的成员永远保持优良的职业品质。职业集体有了优良的职业作风，就可以互相教育，互为榜样，形成良好的职业风尚。

### 4.1.3 工匠精神的概念

在《现代汉语词典》中，工匠的解释是“手艺工人”。传统意义上的工匠可理解为“手艺人”，即具有专门技艺特长的手工业劳动者。《韩非子·定法》说：“夫匠者，手巧也……”可见手艺精巧是工匠的基本特征之一。现在对工匠的理解除了手艺人之外，还包括技术工人或普通熟练工人。

一般认为，工匠精神包括高超的技艺和精湛的技能，严谨细致、专注负责的工作态度，精雕细琢、精益求精的工作理念以及对职业的认同感、责任感。

工匠精神是指工匠以极致的态度对自己的产品精雕细琢、精益求精、追求更完美的精神理念。工匠们喜欢不断雕琢自己的产品，不断改善自己的工艺，享受产品在双手中升华的过程。工匠精神的目标是打造本行业最优质、其他同行无法匹敌的卓越产品。概括起来，工匠精神就是追求卓越的创造精神、精益求精的品质精神、用户至上的服务精神。

### 4.1.4 职业精神与工匠精神的关系

从职业精神和工匠精神的概念不难看出，他们之间有相似之处又有不同的地方。

工匠精神与职业精神的混同和纠结，一是因为工匠精神内涵的概括见仁见智，被不同程度地泛化。本来工匠精神应该是指工匠们所特有的和必需的精神，现在却把许多原本不属于工匠精神而是属于职业精神的一些内容都包罗进去，从而为工匠精神的泛化开了绿灯。二是因为工匠精神和职业精神实在是有太多的交集互含、撕扯不开，往往你中有我，我中有你。例如职业精神和工匠精神，都需要“尚德”，需要敬业；都要求有吃苦耐劳、甘于奉献的崇高品质，都讲究做事要追求一流和卓越的职业使命感；等等，所以人们才会彼此混同，而又迷误不觉。诚然工匠精神和职业精神有一定的交集共性，但其差异也很鲜明，而且远远大于其共性。

从逻辑关系看，职业精神和工匠精神是一组彼此包含的相容的种属关系概念。职业精神是外延大的概念，叫属概念，也叫上位概念，工匠精神是外延小的概念，也叫种概念或下位概念。它们的关系是相互包含关系。即属概念的外延完全包含种概念。就是说，职业精神包含工匠精神，因为工匠也是一种职业，而工匠精神不等于职业精神，因为职业外延更广，非工匠精神所能包容。

从哲学角度看，职业精神是一种共性的、普遍性的精神，这与职业的广泛性密切相关，它是人们立世生存、谋得生活资料所从事的工作。所谓三百六十行，其实完全不足以全面概括职业的丰富性。职业精神就是所有在职从业人员所应具备的各种精神品质的总和。工匠精神是从属于职业精神的个性化存在，是“工匠”这一行当公认的职业准则和所应遵循的精神规范。相对于职业精神，它是特殊的、具体的一种精神。在这个意义上，可以说工匠精神是职业精神的表现，职业精神寓于工匠精神或其他别的精神之中，如果工匠精神试图泛化和取代职业精神，职业精神的外延就会被大大窄化。

从适用对象看，逻辑学的外延论和哲学的区间论都规定了事物的适用范围和领域，进而也就确定了不同事物适用的对象。一般认为，制造业倡导工匠精神是靠谱的。工匠精神是“造物”的、出产品的。它的对象是物，是用来加工的对象。但提倡工匠精神，并不是要以此取代职业精神。职业精神涵括各行各业，工匠精神是特指物质资料或实体产品生产人员所应具备的职业精神。

对于职业院校的学生，我们的培养目标是掌握高超技能并具有创新能力的技术工人。具备全面的职业精神是社会主义现代化建设者始终如一的奋斗目标，但针对职业院校学生将要从事的岗位，从现在开始致力于培养工匠精神则更加具体和更加有效。所以本章以职业精神为引领，以践行工匠精神为落脚点，为广大职业院校学生剖析工匠精神的实质以及培养工匠精神的方法。

## 知识巩固

（1）简述社会主义职业精神的组成要素。

（2）职业精神和工匠精神的区别是什么？

## 课堂测试

### 脱离险境

（1）活动目的：反复强调工作中所要掌握的内容。强化有效的学习。对容易掌握和难以掌握的问题作一个分析，寻找容易掌握的方法。

（2）活动时段：根据具体情况而定。

（3）用具准备：事先准备测试题和奖品。

（4）活动规则：将参加活动的人等分成若干个小组（每组 10 人以内），活动开始之前参加活动的人要以小组为单位，在事先规定的范围内站好。当准备工作就绪后，教师将事先准备好的有关于工作中的问题装入信封，并让各组选一名代表依次抽取（即每组一个信封，信封里装有写有测试题的卡片）。当所有信封被抽取完毕后，教师按小组的顺序根据每小组抽到的卡片上的问题进行提问。卡片上的问题要与小组的人数相同。每答对一道题，就有一个人从规定的活动范围内走出来。教师问第一个问题的时候，大家可以一起研究。答对了就走出来一个人，下一个问题，其余的人研究，直到最后一个人最后一个问题为止。注意，出来的人不能向正回答问题的人提供帮助，使其脱险。最后，以在规定时间内走出的人数最多的小组为胜。

## 课后练习

（1）谈谈你对职业精神的理解。

（2）列举国内外体现职业精神实质的典型事例。

# 4.2　工匠精神的内涵与意义

## 【案例 4-2】

### 深海钳工——管延安

管延安，男，1977 年 6 月 19 日出生，山东潍坊人，初中文凭。1995 年参加工作（农民工），18 岁的管延安就开始跟着师傅学习钳工。“干一行，爱一行，钻一行”是他对自己的要求；有空的时候就看书学习，是他最大的业余爱好。二十多年的勤学苦练和对工作的专注，心灵手巧的他不但精通錾、削、钻、铰、攻、套、铆、磨、矫正、弯形等各门钳工工艺，而且对电器安装调试、设备维修也是得心应手。

2013年年初，管延安来到珠海牛头岛，成为岛隧工程建设大军一员。港珠澳大桥连接珠海、澳门和香港，是迄今为止世界上最长、施工难度最大的跨海大桥。工程中最大的挑战就是要在茫茫大海中央修建一条5.6公里的海底隧道，长度、规模、施工工艺都是我国首次尝试，因此经验丰富的老技师都面临着全新的挑战，钳工管延安就是其中的一个。他所负责的沉管舾装作业，导向杆和导向托架安装精度要求极高，接缝处间隙误差不得超过正负1毫米，管延安做到了零缝隙。每次安装，他带领舾装班组同测量人员密切配合，利用千斤顶边安装边调整，从最初需要调整五六次到后来只需调整两次，就可以达到“零误差”标准。管延安先后荣获港珠澳大桥岛隧工程“劳务之星”和“明星员工”称号，其因精湛的操作技艺被誉为中国“深海钳工”第一人。

管延安所安装的设备中有一种叫截止阀，沉管对接时，它的作用是控制入水量，调节下沉速度，从而让两节隧道在深海中精准对接。同样是安装阀门、拧螺丝，如果是普通设备，只需要牢固稳定就行了，但在深海中操作，还要做到设备不渗水、不漏水，因此安装接缝处的间隙必须小于1毫米。这样的间隙无法用肉眼判断，管延安只能凭借手感来操作。凭着手上的感觉，管延安能判断1毫米的间隙。经管延安的手安装的设备都能成功对接海底隧道，操作零失误。

管延安曾说：“我不怕吃苦不怕累，就是很执著，我认准的事，需要尽心尽力地把它干好，必须圆满地干好，不管出现什么问题，我会走到底。”港珠澳大桥海底隧道对接工程是个计划历时五年的极具难度又造福国家的大工程。管延安从参与到工程中后，很少回家，逢年过节都是在隧道度过，他说，参与国家工程，是自己抛家舍业的初衷，也是甘受寂寞的精神支撑，更是他铭记终身的荣誉。

管延安说：“我的心愿就是（将来）开着车到香港去，从咱这个海底隧道走一圈、转一圈，因为这是我干了这么多年，一节管一节管对接起来的，对它也有感情，我需要去走一圈，看一下。也有可能（将来）孙子领着我再走一次。那样我就会跟孙子说，这是爷爷当时奋斗过的地方。”管延安只有初中文凭，却成为安装海底隧道对接设备的第一人，甚至专业院校的大学生都成为了他的徒弟。能成就这一切，是管延安对技工这个职业的尊重，管延安以匠人之心追求技艺的极致，让海底隧道成为他实现梦想的平台。每个大工程背后，离不开这些技工人才，他们是闪光的螺丝钉，是中国制造不可或缺的人才。

**思考分析：**

（1）从一名普通的农民工到中国“深海钳工”第一人，你怎样看待管延安的职业发展历程?

(2) 管延安是如何练就一身本领的?

## 知识链接

### 4.2.1　工匠精神的内涵

(1) 精益求精。注重细节，追求完美和极致，不惜花费时间精力，孜孜不倦，反复改进产品，把99%提高到99.99%。

(2) 严谨，一丝不苟。不投机取巧，确保每个部件的质量，对产品采取严格的检测标准，不达要求绝不轻易交货。

(3) 耐心，专注，坚持。不断提升产品和服务，因为真正的工匠在专业领域上绝对不会停止追求进步，无论是使用的材料、设计还是生产流程，都在不断完善。

(4) 专业，敬业。工匠精神的目标是打造本行业最优质的产品，其他同行无法与之匹敌。

(5) 淡泊名利。用心做一件事情，这种行为来自内心的热爱，源于灵魂的本真，不图名不为利，只是单纯地想把一件事情做到极致。

### 4.2.2　弘扬工匠精神的重要意义

弘扬工匠精神是践行发展新理念的内在要求。理念是行动的先导。创新、协调、绿色、开放、共享五大发展理念，指明了“十三五”乃至更长时期我国的发展思路、方向和着力点，是我国经济社会发展必须长期坚持的重要理念。习近平总书记指出:“把握新发展理念，不仅是政治性要求，而且是知识性、专业性要求，因为新发展理念包含大量充满时代气息的新知识、新经验、新信息、新要求。”要践行新发展理念，让新发展理念落地生根，变成普遍实践，就要求我们要大力弘扬工匠精神。要通过弘扬工匠精神，引导广大劳动者立足本职岗位，干一行爱一行、学一行精一行，践行新理念，建功“十三五”，为实现“两个一百年”奋斗目标、实现中华民族伟大复兴的中国梦贡献智慧和力量。

弘扬工匠精神是推进供给侧结构性改革的迫切需要。推进供给侧结构性改革，就是要从提高供给质量出发，用改革的办法推进结构性调整，减少无效供给，扩大有效供给，使供给能力更好满足人民日益增长的物质文化需要，促进经济社会持续健康发展。中国国际贸易促进委员会研究院发布的《2016年消费市场发展报告》称，国人消费正在更讲究品质、更注重品牌、更追求品位、更展现品格。而要提高供给质量，扩大有效供给，关键是要大力弘扬工匠精神，培养一大批知识型、技术型、创新型的高素质劳动者。只有高素质的劳动者，才能创造出高品质的产品；而谁能提供高品质的产品，谁就能赢得市场。

弘扬工匠精神是培育和践行社会主义核心价值观的重要抓手。践行社会主义核心价值观，就是要使中国人民在精神上强大起来。培育和践行社会主义核心价值观，关键是要在落细、落小、落实上下工夫。对广大职工而言，培育和践行社会主义核心价值观一定要立足本职岗位。工匠精神与社会主义核心价值观公民层面对职工的要求是相契合的。我们要积极引导广大职工立足本职岗位，大力弘扬工匠精神，努力践行社会主义核心价值观，不断发展工人阶级的先进性。

## 知识巩固

（1）请说出工匠精神的内涵。

（2）请概述工匠精神的重要意义。

## 课堂测试

### “行”还是“不行”

（1）活动目的：帮助团队的领导者了解团队成员之间是否真正取得了一致的意见。

（2）所需材料：足够多的信号卡。

（3）活动过程：这个游戏有助于团队在进行决策时避免最大危险——因为“没有人发表看法”而错误地认为团队已经取得了一致意见。在开始进行一个计划前，团队的领导者必须了解团队是支持（行）还是不支持（不行）。

制作一些信号卡，团队成员借此可以向团队的领导者传递一些非语言的信息。也可找一些招贴用的纸板，例如，一面红色的，另一面是绿色的纸板。将它们剪成边长为 9 厘米的方形纸片。在游戏开始的时候，把彩色纸片分发给参与者。让他们以出示手中的纸片的方式来回答问题：可以一直举着，也可以不时地举起。当他们同意一个新得出的结论（或是讨论的进度）的时候，就出示绿色的纸片。当他们反对采取某一行动或对讨论的进度和范围不满时，就出示红色的纸片。你也可以准备一些表示其他信号的纸片，比如表示中立的白色纸片和表示不确定的黄色纸片。

如果还有时间，你也可以仿制一些奥运会的裁判用卡片（比如，上面分别有 10、9、8 等数字）分给每个成员。各成员用这些卡片来回答对方案的满意度或支持度，这样就可以对团队成员的感受有一个迅速的认识。

(4) 讨论：

1）“意见一致”的含义是什么？

2）了解别人的想法与感受有多重要？

3）在征求这些信息方面我们有什么责任？在根据这些信息开展行动方面我们有什么责任？

**课后练习**

(1) 深刻体会工匠精神内涵，发现身边能体现出工匠精神的真人真事，并举例说明。

(2) 查找自身差距，发现今后可以从哪些方面提高，制定学习目标。

## 4.3 工匠精神的培养

**【案例 4-3】**

### 捞纸大师——周东红

中央电视台推出的系列节目《大国工匠》，讲述了那些默默无闻的劳动者用双手匠心筑梦的故事。这些劳动者，基本都是奋斗在生产第一线的杰出工人，虽然他们行业不同、专业不同、岗位不同，但他们有着鲜明的共同之处，就是敬业爱岗、心有理想、身怀绝技。他们以勤勉敬业，书写着一线劳动者的辉煌。

其中，介绍“捞纸大师——周东红”的一期节目，给人留下了深刻印象。之所以能让人留下深刻的印象，是因为传统造纸技术在现在快节奏的技术革新中逐步被取代，传统的技术面临着后继无人的尴尬局面。将老祖宗传下来的好东西保留下来，也是我们现代匠人的一份责任和担当。造纸术作为我国古代四大发明之一，蕴涵着中华民族的智慧。而宣纸的制作工艺又堪称造纸术中的翘楚。著名画家李可染曾经说过：“没有好的宣纸，就做不出传世的好国画。”

一张宣纸从投料到成纸，需要一百多道工序，其中决定宣纸成败的就是“捞纸”这道工序，周东红就是一名捞纸工。所谓“捞纸”，就是两个人抬着纸帘在水槽中左右晃动，一张湿润的宣纸便有了雏形，整个过程不过十几秒，全靠两人之间的配合。但是宣纸的厚与薄、好与坏就全在这一“捞”上。周东红说，这叫“一帘水靠身，二帘水破心”。双手要摆到水面上，不要动，像绳子一样吊着，然后整个手抬起来45°角，抬得齐肩那么高。要从正中间下水，用双手舀水往前走大概15公分左右深度。就是这样看似简单的动作，周东红和他的搭档每天要重复一千多次。周东红说："这几十年来，我捞的每一刀纸误差都不超过一两，这就是我的手艺。"

现在周东红是当地出了名的捞纸大师，每年经他手捞出的纸就超过30万张，每张都是合格产品。看着周东红行云流水般的捞纸动作，谁能想到当初他差点放弃了这个行业。周东红刚从农村招工进入宣纸厂时，和另外一个人起早贪黑地干了一个月，竟然没完成任务，于是他就萌生退意。但是他转念一想，自己能成为国有企业的技工实属不易，如果辞掉工作真是无颜见父老乡亲。从此以后，他静下心来拜师学艺，勤学苦练。周东红说，那时候每天早起一点，冬天把手伸到冰冷刺骨的水里，即便是长了冻疮也要下水捞纸，勤学苦练，就为了找到那种感觉。周东红说，最初从事捞纸行业，是为了生计，但是这么多年下来，他已经爱上了这一张张宣纸。

宣纸是老祖宗留下的东西，已经有1500多年了，一张宣纸从投料到成纸需要经历300多天，18个环节，100多道工序。但是现在他和他身边做宣纸的人都已经是越来越老，而愿意学这行的年轻人是越来越少了。周东红说，如果自己换一种工作，不一定能干到现在这个成绩。"中国有句古话说行行出状元，我能坚持到现在，我心里不也觉得是一种荣誉吗?"

捞了一辈子纸的老周，多次获得生产能手、先进生产者、文明标兵、优秀员工等荣誉称号。2015年4月，周东红荣获全国劳动模范，这也是他人生中的第一个全国五一劳动奖章。周东红说，他不知道什么叫工匠精神，但他知道要做好一件事，就必须勤学苦练。不忘初心，方得始终。周东红在传统技艺上的精益求精和极致追求，让他不仅体会到劳动的快乐，也增添了传承人类非物质文化遗产的自豪。

**思考分析：**

(1) 从周东红的身上，你能了解到的工匠精神是怎样培养出来的吗?

(2) 工匠精神对于我国社会主义现代化建设有什么重要意义?

**知识链接**

工匠精神的内涵有三个关键词：敬业、精业、奉献。这三者是互相联系、有机结合的。敬业反映的是职业精神，是前提；精业反映的是职业水准，是核心；奉献反映的是个人品德，是保障。可以说，新时期的工匠精神，是劳模精神、劳动精神的重要体现。下面就从这三个方面入手，谈谈工匠精神的培养。

### 4.3.1 敬业精神的培养

所谓敬业，就是要敬重你的工作。低层次来讲，敬业是对本职工作有个交代。从高层次来讲，那就是把工作当成自己的事业，要具备一定的使命感和道德感。不管从哪个层次来讲，敬业所表现出来的都是认真做事，一丝不苟，并且有始有终。一个人具有敬业精神，既要认真看待和把握所从事的工作，即起点敬业，又要在实际工作中尽职尽责，即过程敬业，更重要的还要按职业责任有效完成工作，即结果敬业。偶然的某种成效，但与其敬业起点和敬业过程不相符合，也难以说具有敬业精神。

那么如何培养敬业精神呢？

（1）完善教学内容，树立学生正确的职业价值观。完善职业院校学生敬业精神培养的教材和内容，教材要注重实用性，找出专业课知识与敬业精神内容的结合点，院校不同、专业不同，提出的具体要求也应该有所变化，利用正面案例与反面案例比较教学，加深学生对敬业精神的印象。教师在授课时注重理论灌输与实践相结合，可以通过职业生涯规划与发展课、就业创业指导、思想品德与法律基础、劳动教育课等树立职业院校学生正确的职业价值观。

（2）通过校园文化活动，提高学生就业创业能力。良好校园文化活动的氛围，能够潜移默化地感染学生。可以将敬业精神纳入校训中，这样可以更好地在无形之中让学生对敬业精神有所印象。学校可以运用广播、校报、刊物等，加强对敬业精神的宣传。开展校园文化活动，通过实践活动将理论知识与实践相结合，让学生们感受在社会工作中该具有的状态，在实践活动的交流中，发现他人的长处和自己的不足，不断地完善自己，这样有利于学生自觉地增强就业、创业知识与技能。

（3）注重校企合作，为学生提供职场体验机会。职业院校与企业合作，学校可以借助企业的人力、财力与物力，为学生提供就业实践平台，在职场体验中认识自己的不足，这样可以帮助职业院校学生提高自己对就业的认识。就业实践平台可以缓解职业院校学生的就业压力，同时企业通过自己良好的企业文化，吸引优秀的学生加入企业，实现校企共赢。

职业院校学生是未来社会的中坚力量，他们的敬业状况直接影响国家与社会的发展，在职业院校学生步入社会之前，必须扎实有效地对学生进行敬业精神的培育，坚定学生的敬业信念，这样才能培养出能够实现中国梦新一代的敬业者。

### 4.3.2 精业精神的培养

精业，字面意思就是精通专业。在工作中它是一个人能力的体现，是创造财富的基本技能。在工作中我们要时刻根据自己的工作岗位，不断地学习与自己工作有关的专业知识，把自己分内的工作做到位，一切行动围绕设定好的工作目标服务，尽职尽责地完成自己的工作。精于专业就是要做到出类拔萃的程度，我们可以从以下几个方面培养自己的精业精神的培养。

(1) 以精业的心态对待工作。

(2) 凡事不要只做到最低标准。

(3) 要做就做到最好，成为所在领域的专家。

(4) 培养核心竞争力。

(5) 对工作报以极大的热情。

(6) 挑战高难度的工作。

(7) 把精业贯彻到底。

(8) 养成高效工作的习惯。

(9) 不以任何理由为借口。

(10) 想到，更要做到。

### 4.3.3 奉献精神的培养

“奉”，即“捧”，意思是“给、献给”；“献”，原意为“献祭”，指“把实物或意见等恭敬庄严地送给集体或尊敬的人”。奉献，就是“恭敬地交付，呈献”。

奉献精神是指个人与他人、集体、国家之间存在的一种纯洁高尚的道德义务关系，是评价人生价值的基本标准之一。通俗意义上讲，奉献精神是一种爱和责任，是自愿地为社会、集体、他人服务以及做出贡献的行为表现。从这个层面上来说，奉献精神并不是高不可攀，相反的，它可以是生活中一个小小的举动。在拥挤的公交上给一位老奶奶让座；关紧正在滴水的水龙头；捡起地上的一片纸屑并把它扔进垃圾桶……这些看似微不足道的事情其实都体现了奉献精神。

职业院校学生奉献精神的培养，不是一朝一夕、一个人简简单单就能完成的事情，需要从以下几个方面着手。

4.3.3.1 社会各阶层应大力支持职业院校学生奉献精神的培养

加强职业院校学生奉献精神的培养离不开社会的大力支持，大到国家政策，小到社区文化，都应该为职业院校学生奉献精神的培养和发展营造一个良好的氛围，使他们能在和谐的社会中提高自身思想道德素质和科学文化素质，做综合素质较高的新一代接班人。

(1) 完善社会主义核心价值体系，构建社会主义和谐社会。当前我国正处于社会的转型期，来自体制转型和社会结构变动所带来的各种力量将直接或间接地冲击青年们的世界观、人生观和价值观，因此正确把握社会转型期的形势和历史任务，建立完善健康的社会公德体系，无疑具有至关重要的时代意义。这就要求国家大力完善社会主义核心价值体系，弘扬民族精神和时代精神，树立社会主义荣辱观，推动文化大发展大繁荣，提高国家文化软实力。在此基础上更好地构建社会主义和谐社会，营造互助协作、和谐友好、相亲相爱的氛围，促进职业院校学生集体主义等高尚情感的形成，为职业院校学生奉献精神的培养和发扬创造良好的社会环境。

（2）加强职业院校学生思想道德建设和教育科学文化建设。加强职业院校学生奉献精神的培养和发扬离不开国家政策的支持，职业院校是职业院校学生思想道德素质和科学文化素质培养的重要场所。因此，国家应该加大对职业院校的投入，扩大职业院校思想政治工作的覆盖面，改善教学条件，加强师资队伍建设，同时健全国家助学贷款机制和完善勤工助学工作，发扬艰苦奋斗的优良传统，培养顽强拼搏开拓进取的新一代职业院校学生。

（3）树立无私奉献的先进楷模，营造良好的舆论氛围。在职业院校学生奉献精神形成的过程中，树立一批自强不息、无私奉献的先进楷模，在职业院校学生中发挥其辐射示范作用至关重要。同时，舆论媒体一定要将以奉献精神为主题的事例进行全面客观的报道，自觉遵守新闻传播的行为准则，向职业院校学生传递自强不息、无私奉献的正能量，使职业院校学生能够在良好的媒体环境中自觉养成充满爱心和责任的奉献精神。

#### 4.3.3.2　营造良好的家庭环境

家长是子女的第一任老师，教育子女是家庭义不容辞的责任。家长在职业院校学生奉献精神的培养中扮演着非常重要的角色。

（1）家长要重视子女的道德教育，树立“养不教，父母过”的观念。

（2）家长要以身作则、言传身教，要做到自己有正确的奉献观。

（3）家长对子女要奖惩有度，不过分溺爱子女，也不过度惩罚子女，讲求实事求是。

（4）家长要尽量营造一个健康、和睦、民主、稳定的家庭氛围，使子女积极向上地面对生活，正视人生，促进奉献精神能够得到很好的培养和发扬。

#### 4.3.3.3　克服自身缺点，增强自制力

职业院校学生自己应该正确了解自己，努力克服自身缺点，注重增强自制力，努力学习、脚踏实地，从自己力所能及的事情开始注意培养自身的责任意识。在提高自身科学文化素质的同时，尽量吸取外界积极因素，自觉屏蔽不良现象，从主观层面上将自己培养成符合社会发展要求的具备全面素质的人才，自觉参加社会实践活动和志愿服务活动，将奉献意识实践到每一件小事当中，培养良好的奉献精神。

## 知识巩固

（1）工匠精神的内涵是由哪三个词组成的？

（2）如何培养职业院校学生的奉献精神？

## 课堂测试

### 测测你的敬业精神

(1) 不拿公司的一针一线。

A 不同意

B 介于A、C之间

C 同意

(2) 在规定的休息时间之后，立即返回工作场所。

A 不同意

B 介于A、C之间

C 同意

(3) 一看到别人违反规定，即向公司领导反映。

A 不同意

B 介于A、C之间

C 同意

(4) 凡与职务相关的事情，注意保密。

A 不同意

B 介于A、C之间

C 同意

(5) 不到下班时间，不离开工作岗位。

A 不同意

B 介于A、C之间

C 同意

(6) 不采取有损于本公司名誉的行动，即使这种行动并不违反规定。

A 不同意

B 介于A、C之间

C 同意

(7) 自己有对本公司有利的意见或方法，都提出来，不管自己是否得到相应的报酬。

A 不同意

B 介于A、C之间

C 同意

(8) 不泄露对竞争者有利的信息。

A 不同意

B 介于A、C之间

C 同意

(9) 注意自己和同事们的关系。

A 不同意

B 介于A、C之间

C 同意

(10) 接受更繁重的任务和更大的责任。

A 不同意

B 介于A、C之间

C 同意

(11) 只为本公司工作，不兼任其他任何公司。

A 不同意

B 介于A、C之间

C 同意

(12) 对外界人士要说有利于本公司的话。

A 不同意

B 介于A、C之间

C 同意

(13) 把本公司的目标放在与工作无关的个人目标之上。

A 不同意

B 介于A、C之间

C 同意

(14) 为了完成工作，在工作时间以外，自行加班加点。

A 不同意

B 介于A、C之间

C 同意

(15) 不论在工作上或在工作以外，避免采取任何削弱本公司竞争地位的行动。

A 不同意

B 介于A、C之间

C 同意

(16) 用业余的时间研究与工作有关的信息。

A 不同意

B 介于A、C之间

C 同意

(17) 购买本公司的产品或服务，不买竞争者的产品或服务。

A 不同意

B 介于A、C之间

C 同意

(18) 凡是支持本行业或本公司的人，均投赞成票。

A 不同意

B 介于A、C之间

C 同意

(19) 为了工作绩效，要做到劳逸结合。

A 不同意

B 介于A、C之间

C 同意

(20) 在工作日的任何时间内及工作之前，绝对不喝烈性酒。

A 不同意

B 介于A、C之间

C 同意

**评分标准：**

每道题选项对应分数为：A为0分，B为1分，C为3分。

**计分评估：**

0~13分：你的敬业精神态度不太好。对于工作，你总是敷衍了事，总是喜欢倚靠其他人。对工作积极性不高，经常为自己的失职找借口。头脑里没有对敬业的理解，更不会认为职业是一种神圣的使命。你应该培养自己对所从事职业的兴趣，鞭策自己对工作品质严格要求，并珍惜现有的工作机会，时时自我勉励。同事间互相学习、扶持，养成务实的观念。

14~19分：你的敬业态度为中等。对于工作你能够按时完成，效率虽然不是很高，但也不会拖大家的后腿。偶尔也会在工作中偷懒，不负责任，但总的来说你还是能够做好分内的事。你要以更积极地态度对待工作，保持良好的精神状态，这样才能得到同行的认可。

20~24分：你的敬业态度为上等。对于工作，你不仅能按时完成，而且经常是提前完成，效率很高。对待工作充满激情，尽职尽责，一丝不苟。因此你总是得到老板的赏识。

25~40分：你的敬业态度为卓越。对于工作，你从不偷懒、拖延。不论自己分内的工作是多少，你都会尽心尽力完成。你对于工作中遇到的问题不会徒劳地抱怨，而且对于艰难的工作，你还会主动请缨、排除万难。对待工作充满激情，一丝不苟。因此你总是老板的得力助手。

## 课后练习

（1）根据课堂测试结果，结合自己平时的表现，查找出自己的不足。

（2）列举反映奉献精神的名言。

# 5 核心职业能力培养

## 5.1 职场沟通表达能力

【案例 5-1】

### 尴尬的晚餐

一位中国公司的经理张先生到法国谈一笔订单，和法国公司几轮激烈的谈判过后，双方达成协议，签订了一笔互利互惠的大订单。法国公司的老总皮埃尔先生为庆祝生意成功，邀请中方公司的经理张先生及夫人于第二天晚上七点半到自己家里做客，以尽地主之谊。接到晚餐邀请后，张经理和太太很开心，商量着一定要准备礼物前去赴约以表达自己的感谢之情。考虑到法国人的浪漫艺术气息，两人打算送给女主人一束鲜花；又因为法国盛产醇香的红酒，还买了一瓶高级红酒，作为送给男主人的礼物。张经理夫妇担心人生地不熟，为避免迟到，第二天早早出发，避开了交通高峰，下午刚过五点半就到达了皮埃尔先生家。当皮埃尔夫人打开门看到客人到达时，虽然说着欢迎并热情地拥抱了客人，但依然难掩惊慌的神色。宾主双方互致问候后，张经理拿出了准备好的礼物。然而在收到礼物后，皮埃尔先生和太太似乎有些尴尬。但皮埃尔太太还是一边忙着厨房里没有完成的晚餐，一边手忙脚乱地找花瓶要把鲜花摆放好，还不忘夸赞着鲜花的美丽芬芳。张太太见状，也热情地表示自己可以到厨房帮忙，打打下手。于是主动走进厨房，希望能做些简单的工作帮助女主人准备晚餐。由于不熟悉主人家厨房物品的存放位置，不一会儿厨房里就传出了乒乒乓乓杯盘摔碎的声音。晚餐终于准备停当，法国大餐果然名不虚传，可谓色香味俱佳，看得出主人家真是精心准备了。

晚上，在回酒店的路上张经理和太太还在回味着美好的晚餐，不过张经理还是有些遗憾地说："可惜我送了皮埃尔先生那么好的红酒，他居然都舍不得拿出来和客人一起喝，未免小气哦。"

**思考分析：**

(1) 为什么在看到客人到来时，皮埃尔夫人显得有些惊慌？

（2）张先生明明精心准备了礼物，为何主人收到后会面露尴尬的神色呢？

## 知识链接

### 5.1.1 语言沟通

5.1.1.1 表达与沟通的含义

2009年，沃伦巴菲特为哥伦比亚商学院的学生做了一次演讲。演讲结束之后应邀给毕业生一条建议，他说："利用手中的资产，我们可以创造出更多的财富，我相信很多人都可以做到这点。如果今天我是一名即将步入社会的毕业生，我相信我一定会让手中的资产增值。我所说的这个'资产'，就是沟通交流的能力。这种能力，不是别人教会的……"

表达就是使用语言或非语言的手段将自己的意思传达、表示出来，并让倾听者明白接受的过程。良好的表达是沟通的基础，有效的沟通离不开良好的表达。良好的表达应该满足以下条件：

（1）表达具有针对性：针对对象、针对内容、针对目的。

（2）表达内容清晰准确，不能模棱两可。

（3）表达内容完整。

（4）表达适度、得体，注意时间和场合。

沟通是想法、意见、指令、情感等所有相关资讯的传递、交流、了解、接受的完整过程。沟通根据所借用的媒介的不同，可分为语言沟通与非语言沟通。语言沟通是指以词语符号为载体实现的沟通，主要包括口头沟通、文字沟通和网络沟通等。

5.1.1.2 沟通表达技巧

语言作为沟通的工具，最讲究的就是表达要有效。说话的方式和内容应该表现出你的忠诚、智慧、果断、可信性。这是四种含有浓厚包装色彩的语言表达技巧，目的是获得他人的好感，或展示个人魅力以及技能。不论说话者是否意识到，说话一定具有下列四个目的中的一个或几个：引起听者行动；提供知识或信息；引起共鸣、感动与了解；让听者感到快乐。要实现说话的这些目的，必须注意沟通表达的方式：有话直说；凡事忠诚地说；有话实说；有话正面说；有话果断说；有话好好说；长话短说；大话小说；智慧地说；增加可信度；仪式语言要得体。步入职场，掌握与人沟通的技巧对我们的工作发展会有很大帮助。

此外，需要注意的是，我们要知道在各种特定场合用什么样的语言。比如在一种环境下使用的语言，放在另一种语言环境下就不一定能发挥应有的作用。比如在机场、火车站会有写着"严禁携带违禁品"、"禁止吸烟"等的醒目明确标识，语言简洁具有强制性和警告意味。但是在公园的标志牌上写“禁止吸烟”就不如写“请您协助保持一个无烟环境”好，在小区绿地里立的牌子上写“禁止入内”远没有“绿草茵茵，踏之何忍”来的高明。

### 5.1.2 网络沟通

在提到沟通一词时，几乎每个人第一反应都是假定你正面对着另一个人——你的家人、老师、同学、老板、同事、邻居、陌生的路人。那么下面的情形，你听说过吗?

一个办公室的同事，快吃午饭的时候，需要沟通在哪里吃饭时，没有离开座位，他们也并不是相邻或对面而坐，但是很快地大家就敲定了吃饭地点，甚至还点好了菜。

是的，以上提到的情形体现的是没有面对面的真实对象的沟通。是的，正如同学们猜的那样，这些人是利用微信等软件进行沟通的。这种沟通方式属于网络沟通。

#### 5.1.2.1 网络沟通的含义

事实上，21 世纪的人际交流中很多时候是远程的，而不是面对面的。我们在电话里聊天、发电子邮件或短信，通过微博、推特或电子邮箱系统互相留言评价，或相互写信。这种沟通一开始大都是私下的或匿名的，而随着网络在现实生活中应用范围的扩大和普及，现在许多的网络沟通都是开放式和公开的，比如通过网络向全世界展示自己。事实上，新型的交流技术不胜枚举，包括手机、电脑、PDA、iPAD、蓝牙之类的硬件产品，以及电子邮件、微博、短信、微信、MySpace、Facebook、YouTube、Twitter 等在线应用软件。甚至就在你读到这个章节时，世界上的哪个角落可能又有新型技术出现呢。

网络沟通指的是人与人之间利用现代网络技术进行思想、感情、观念、态度的交流过程，使信息相互交换的过程。这种沟通手段可能是电话、微信、电子邮件等。那么，面对今天有多种沟通方式的人们来说，特别是最常用打电话、QQ、微信沟通时有哪些注意事项和技巧呢?

#### 5.1.2.2 电话沟通的礼仪与技巧

我们每个人可能都遇到过这样的情况：刚接通电话，对方没有自报家门、没有询问我们是否方便接听，就劈头盖脸地说事情。我们一边稳住自己心情一边分析来电的究竟是谁，在反应过来是谁的来电后，往往会出于礼貌克制住挂掉电话的冲动，期待对方赶紧说完早点儿挂掉电话。可能我们还在心里思考着利用这通电话的时间再干点儿什么。原本我们可能在洗衣服、可能在赶作业、可能在给快递小哥开门，但绝没想到在原本安排做这些事的时候突然冒出个没头没脑的电话。

A 重要的前三句

为了避免上述这种情况，最简单的方法是每个人在谈话一开始就先询问对方是否有时间。

打电话时，可以使用下面的三步式问好策略。

（1）自我介绍（我是谁）。自我介绍不宜过长，要让对方一听就能记住你是谁。一般来说，报上自己的单位、部门、姓名即可。例如：

您好，我是OTIS天津分公司销售部的张志刚。

您好，我叫闫雪，是天津市劳动保护学校的应届毕业生。

您好，李院长。我是天津市劳动保障技师学院的李健。基础教学部的杜永关主任在这学期初教委举办的那次培训活动中介绍我们认识的。

（2）讲述打电话的目的。原则上，简明扼要、直奔主题表述这次打电话的目的，让对方能够迅速判断你所说的事情他是否能够帮忙还是应该转交他人，一般一句话内说清楚。例如：

我想给您介绍一下适合贵公司楼盘使用的民用电梯的情况。

能否请您帮我写一份求职推荐信呢？

我对您正在进行的一项科研课题研究很感兴趣，想向您学习一下。

（3）引出关键问题。当前两部分讲完后，对方没有打断你，一般就能够表明他就是你要找的人或者说他能够解答你的问题，这时要确认对方是否方便接听电话，再进行后续详细内容的阐述。

您能不能抽出几分钟的时间？

您现在讲话方便吗？

我可以和您聊两句吗？

您现在方便接电话吗？

B 巧妙地道别

一般应当由打电话的一方提出结束通话，然后彼此客气地道别。告别不是终点，也不是结束，而是为下一次交谈做好铺垫。在每一次交谈告一段落时，我们希望未来互动的大门是敞开的。如果我们能在告别时做到彬彬有礼，表现得很有职业精神，就会给对方留下深刻的印象。如果我们能让对方体会到我们真挚的敬意并巧妙地结束交谈，那么双方未来的交流就容易向积极的方向发展。道别后再轻轻挂上电话。切不可只管自己讲完就粗鲁、贸然地挂断电话。下面的两步式告别既可以用于电话沟通也可用于面对面的沟通中：

（1）表达感谢。对工作中对方给予的帮助、给出的建议等做出真诚的感谢。感谢应发自内心，但不要絮絮叨叨没完没了，以免给人做作虚假的印象。例如：

小李，今天上午的交谈让我非常开心，非常感谢你的帮助！

您提出的这些问题我之前从来没有考虑过，谢谢您的提点！您已经启发了我重新审视此项目的灵感。

孙经理，谢谢您今天下午抽出时间和我交流。

我知道您每天都非常繁忙，今天非常感谢您挤出宝贵的时间接待我！

(2) 厚积薄发。能够进行电话沟通，说明双方在工作中有交集，有关联。不要把一次通话当成“一锤子买卖”。

因此，结束这次通话时也应该为未来可能存在的再次联系打下良好基础或埋下伏笔，方便未来的互动。例如：

我希望大家能够保持联系，我也期待有一天能够有机会回报您的帮助。

我们之间的合作会暂时告一段落，这一点我很遗憾。但是，我希望能和您保持联系，方便的时候我们可以一起喝杯咖啡。

会议的进展我会及时通知您。同时，我也会及时向您汇报事情的进展。

如果您需要从我们团队获知某些信息，一定不要有顾虑，请第一时间告诉我。

您觉得我可以联系哪些负责维修设备的人员呢？

如果方便的话，出现了新问题可不可以麻烦您？

C 喜悦的心情

打电话时我们要保持良好的心情，这样，即使别人看不到你，仍然能够从你愉快的语调中受到感染，从而给对方留下良好的印象。特别是在发生了不愉快的事情后打电话，我们要学会迅速调整心情，传递给对方舒畅的情绪。

D 姿态端正、吐字清晰

当两个人衣着得体仪态端庄地面对面交流时，声音会是庄重清晰的；当他们面带微笑说话时，声音是愉快的；当寝室里同学们躺在床上聊天时，声音一定是放松慵懒的；清早当你被电话铃声吵醒抄起电话时对方能听出你的睡眼惺忪。所以我们在打电话时也要假设对方就在面前，特别是在职场中尽可能注意自己的仪态姿势，切不可喝着茶、嚼着东西和人通电话。

E 认真记录

无论接电话还是打电话时记录要点牢记运用 5W1H，即：what 何事，when 何时，who 何人，where 何地，why 为什么，how 如何进行。在任何情况下，一通电话里一定包括这几项内容或其中几项。根据这些要点罗列讲话内容或进行电话记录避免落掉内容。

5.1.2.3 微信、QQ 的沟通礼仪与技巧

微信和 QQ 作为一种即时沟通工具已经被广泛应用。学校里经常会利用这两种软件建立班级群、社团群等，工作单位甚至经常利用微信群、QQ 群发布通知，开展讨论等。我们也可以通过浏览朋友圈、个人空间等来了解别人的生活、兴趣、经历。如果对这些便捷的沟通工具使用不当会出现很多问题。下面这几点一

定要注意。

(1) 我们可以利用软件中的添加好友功能申请与对方成为好友，但不能强求。

(2) 无论是微信还是QQ，永远也不能保持一个立即回复的状态。

(3) 如果谈工作，尽量把要说的话压缩在10句以内。

(4) 在群里人数较多时，如果我们是与某一个或某几个人谈话。需要在所发信息后@这个人或几个人，做到通知到位。

(5) 看到给自己的留言及时回复是一种美德。

(6) 群是一个小社区、小团体，是个公共场合，因此要注意他人的权益与感受。

(7) 单位群的感情交流功能相对弱一些，主要是为了工作。所以在工作群里聊天，如果不是工作必要，一定要适可而止。同时，不要随便拉陌生人进入群里，以免泄露工作秘密。

(8) 对比较个性化、比较特殊的表情符号，一般限于私人圈子，但在单位群里用要慎用。

(9) 慎用语音。虽然微信、QQ交流方式很丰富，有文字、语音、表情等，但交流时要考虑对方性格、身处环境、职位高低等因素，为了工作方便和准确无误，在大多数情况下不要使用语音。

(10) 个人空间和朋友圈发布的内容往往是使用者希望让他人看到的一面，或者说是希望自己展示出来的一面，这样既有利于我们了解一个人，但同时也容易让我们的了解认识过于片面。

(11) 不要朋友圈里转发谣言，或者发表不当、敏感的言论，针对个人进行人身攻击造成不好的影响。

#### 5.1.2.4 电子邮件的沟通礼仪与技巧

##### A 电子邮件的格式

(1) 邮件一定要注明标题，因为很多人是以标题来决定是否继续详读信件内容的。标题应尽量写得具体，或是与内容相关的主旨大意，让人一望即知，以便对方快速了解与记忆。

(2) 如不是经常交流的对象，要写邮件抬头称呼对方，以示礼貌，并引起主要收件人的关注。

(3) 收件人尽量用中文姓名全称，避免只显示个人邮箱账号。

##### B 需要发送电子邮件的情况

(1) 正式工作报告。

(2) 难以简单用口头表达说明清楚的事项。

(3) 知识推荐和信息传递。

（4）没有见面交流条件的其他交流内容。

（5）需要证据留存的工作内容。

需要注意的是，可以用口头交流解决的，尽量不使用电子邮件。

C 电子邮件的发送对象

（1）寻求跨部门支持的邮件，一般主送给寻求支持的人，抄送给他的直接上级，同时抄送本部门的直接上级，这样往往可以获得支持部门的更好的支持。

（2）项目通报类的邮件，主送给项目小组成员，抄送给项目小组成员的直接上级、项目主要领导。

（3）经理人的工作计划主送工作计划的下达对象，抄送直接上级、间接上级、部门内部相关经理人。为保持部门内部计划对外的一致性，部门内部计划原则上只有一个计划可以跨部门传达，特殊情况可以根据需要处理。

选择电子邮件发送对象的时候应避免以下现象：

（1）在对外沟通中，非重要的一般性的沟通，避免为了知会的需要将邮件抄送给直接和间接经理。

（2）避免将同一个主题的讨论内容多次反复发给全部收件人、抄送人，应见面直接交流。

（3）避免将细节性的讨论意见发送给公司高级管理人员，特别是高级管理人员不能深入了解的业务细节。

D 电子邮件沟通支持

（1）如果遇到在邮件发送时对内容、措辞、发送人有任何疑问时，可以向直接上级寻求沟通支持。

（2）如果在沟通中发生意见分歧，沟通双方首先应换位思考，尽量用见面沟通或电话沟通解决分歧。

（3）充分发挥个人的主动性，避免将一般性的沟通工作交给上级去做（这样降低了沟通效率）。

E 电子邮件的内容

（1）如果带有附件，尽量在邮件正文对附件内容进行总结，并结合附件编辑简洁明了的文件名，避免收件人要一一打开附件后才能知悉沟通事项。

（2）控制邮件正文字数，确保邮件正文层次清晰、内容明确，避免长篇大论。

F 沟通确认和反馈

（1）对重要沟通事项，在发送邮件后最好电话提醒对方引起关注。

（2）重要会议通知在会前向与会人员提醒开会时间。

（3）如果重要邮件发出去后石沉大海，不一定是对方不重视，要尝试再次提醒。

### 5.1.3 跨文化沟通

近年来，随着改革开放步伐的加快，我国在政治、经济方面对外交往日益频繁。工作中，自己的同事、客户中有很多外籍人士。即使没有在现实生活中面对面地打交道，大家也可能通过网络进行职场沟通完成工作任务。所以，跨文化交际中的很多问题也成为现在职场沟通交流中需要学习的重要部分。语言的行为、身体的艺术、企业的文化这些都是跨文化沟通的重要体现。不同的思想意识在跨文化沟通中不断进行接触和碰撞，个人文化、思想的成长也是在跨文化沟通中逐步实现的。沟通是一门大学问，跨文化的沟通更是需要技巧和方法。

跨文化沟通是指跨文化组织中拥有不同文化背景的人们之间的信息、知识和情感的相互传递、交流和理解过程。具体表现为不同文化之间的人们，共同用一定的途径和方式，如通过经商、婚姻、求学、传教等方式，在一定时间和空间发生互相碰撞、相互接触，从中互相学习、彼此融合，从而不断发展的一种文化现象。

#### 5.1.3.1 问候的差异

平凡的问候中体现着国家的差异，同时也成就了世界多元文化的无限趣味。英文中问候常用的是“How are you”（你好吗）、“Nice to meet you”（很高兴见到你），而在中国我们是不这样说的。汉语中最常用的问候方式通常是以提问的方式展开。最常用的方式就是令外国人感到奇怪的“吃了吗”，当问出这句话时，提问者其实并不是真的想知道对方是否吃饭这一事实，只是一种表示亲切问候的方式；被提问者也深知这一习俗，所以即使还未用餐，往往也会微笑回答说“吃了”。这并不是敷衍了事，不实事求是。其实这样问候由来已久，也是有着其历史原因的。中国是个人口密集的农业大国，人们关心吃的问题是顺理成章的。中国古代粮食缺乏，不是由于生产技术落后、粮食产量低，而是水旱重灾、战乱暴政等因素造成。问候以“吃”为题，有观点认为，这在一定程度上反映出古时候人们试图摆脱长久饥饿状况的愿望。也有观点认为：中国“民以食为天”，“吃”在中国人民生活中所占的位置无可取代。中国人喜欢以丰盛的食物招待客人，平时人与人之间也会亲切地问一声“吃了吗”，使彼此感觉就像一家人一样亲近。

另一种问好方式是根据当时的情景提问进行问候，一般是询问对方正在或是即将要去做的事情，有时甚至是“明知故问”。如“小王，干吗去啊”；看到邻居早上出门，会说“上班去啊”；到了单位看到有同事比自己早到了，会说“来了啊”；看到对方拿着购物袋会说“去超市了啊”，等等。其实这些看起来是在询问，甚至在其他文化的人看来是在窥探他人隐私的问法，就是中国特色的“Hi”“Hello”或者“Good morning”，“Good evening”的表达。如果英语中见面就问“Have you had your meal”或者“Where are you going”就觉得很怪异。在外国人看来会想我做什么事情关你什么事，你是不是太多管闲事了。而反过来，中国人也同样对外国人打招呼以天气作为话题感到奇怪，如“Lovely day, isn’t it ?”(天气不错，是吧?)。这是因为一些以英国为代表的英语国家的天气情况多变，久而久之，谈论天气就变成了一个人们习惯开始谈话的方式，这和中文里的“吃了吗”有着异曲同工之妙。

5.1.3.2 称谓语的差异

小小一个称呼也会成为职场中引发困惑甚至不快的导火索。称谓语差异是中西方跨文化日常生活交际中较为普遍的一个差异现象。汉语亲属称谓是一种文化符号，是特定文化精神的载体，它丰富而复杂，在这些复杂的亲属称谓背后潜着深厚的文化内涵。汉语中的称谓禁忌主要涉及讳名的风俗，即祖先或长辈的名字不能直呼。比如《红楼梦》中林黛玉在谈及母亲贾敏时“敏”字会读作其他音或用其他词语代替。古代帝王的名讳更是普通百姓不能随意谈及的。时至今日，给小孩子取名时也会避开孩子父辈、祖辈名字中相同的字不用，以示尊重。而西方在称谓方式上除去对王室成员或者地位很高的神职人员外，对普通人是没有这样特别的禁忌的。反而，外国人为了表达对自己某一位长辈（在世或已故的）的尊敬或爱戴，会在给自己的孩子起名字时，将这位长辈的名字嵌入孩子的名字中。

中国人在亲属之间用亲属称谓词，如“爷爷”、“奶奶”、“叔叔”、“阿姨”、“伯伯”、“姑姑”之类的叫法。但是如果我们将这种称谓套用在英语中就会出现交际失误。比如有个中国留学生经常得到自己租住房子的房东老奶奶的照顾，心中非常感激，觉得这位老奶奶很像自己在国内的奶奶，于是留学生就称呼房东老太太为“Grandma”，这在我们中国人看来是十分亲切、饱含亲情的称呼，是不符合英语国家的基本礼仪的。虽然 grandma 是表示亲属成员的名字，但不能用来面称，即当面的称呼。西方家庭成员间，包括子女对父母、晚辈对长辈都可以直呼其名。在公司里上司与下属之间、学校里师生之间也是如此。因为西方国家大多受人生来平等思想的影响，相信人生来平等并无地位等级高低贵贱之分。外国人的名字通常分为 first name（名）和 last name 或 family name（姓）。也有很多人名字在 first name 和 last name 中间有一个到数个 middle name（中间名）的。如著名画家毕加索，其全名为 Pablo Diego Jose Francisco de Paula Juan Nepomuceno Maria de los Remedios Cipriano de la Santisima Trinidad Ruizy Picasso，Pablo 是他的 first name，Picasso 是他的 last name，而中间的那些全是他的 middle names。另外，在称呼已婚的女士时，用 Mrs. 加上其丈夫的姓。例如，对已婚女士 Hillary Clinton，我们要称呼其为 Mrs. Clinton，指的这是一位嫁给姓 Clinton 的男人的女士。而随着女权运动的发展，女性追求这一个在称呼上与 Mr. 一次地位平等的称呼，于是出现了 Ms. 一词。现在称呼一位已婚女士或婚姻状况不详的女士时，我们还可以用 Ms. 加女士自己的姓，如 Ms. Hilton。

“先生”一词，在中国文化中，多被用于称呼学术界人士，主要是为了表达对高级学者的尊敬之情。早在春秋战国时期，“先生”一词便被用于对大教育家、大理论家及学者文人的尊称。“先生”一直沿用至今，更多的是表达人们的一种尊敬和爱戴之情，比如“鲁迅先生”、“季羡林先生”。当然不仅仅是对男性，在我国对一些有着较高学术造诣和贡献、品德高尚深受人们尊敬的女性也被称为先生，比如“冰心先生”、“杨绛先生”，这时先生一词就失去了性别的特征。而在英美国家，“先生”（Mr.）是对一般人士的普通称谓语。作为有学识有声望的教授或学者，人们一般按照其学历或者职称，称其为“博士”（Dr.）或“教授”（professor）。

5.1.3.3 客套语

中国自古是礼仪之邦，“礼”的文化理念对中国人的言行举止都有很大的影响。“不好意思”“我浪费您的时间了”“占用您的时间，真是不好意思”“我在这个领域里尚属后辈，对很多专业知识不是很熟悉。”“您一定累了，我不多打扰，再会。”等等，都是我们时常用到的客套语，从我们汉民族的眼光看来，这是非常谦虚有礼的表达。但是如果换一种文化环境，按照我们的思维直译为英语，则大大不妥。因为这些客套语在西方文化中是很不得体的，容易引起西方人的误解，在职场中造成难以弥补的损失。比如，求职面试中，外方考官对你在专业知识方面对答如流大加赞赏，你马上谦虚地说“I don't know much in this field.”（我对这个领域了解不够。），容易让外方考官觉得你很虚伪，同时也如同你告诉在场众人，考官太没见识了，他觉得十分了不起的专业知识在你看来根本就是不值一提。又比如，在离开外方经理办公室时，你说“I waste your time, I'm sorry.”（我耽误了您很多时间，对不起。），对方会觉得你对他有所不满，你这么说是表达自己的愤怒。再比如在公司里，听完一位年长的资深人士进行的培训讲座后，你彬彬有礼地想表达自己的敬佩和感谢，说“You must be very tired.”（您一定累坏了。），对方会很气愤，觉得你瞧不起他，对方会想“我明明身体健康，专业功底扎实，大家都对我的讲座报以掌声和敬佩。怎么你认为我年老衰弱，这么瞧不起我吗?”

还有，中国人在招待客人时，喜欢给客人主动倒上一杯茶表示礼貌与友好。但是在很多西方人看来这一行为缺乏对对方意愿的尊重。在美剧中我们会看到不论是父母到孩子家里做客还是客户到访你的公司，主人都会问一句“What would you like to drink?”（您要喝点什么?）或“tea or coffee?”（茶还是咖啡?）等等。在英美文化中，客人喝不喝饮料，喝什么饮料要先征得客人的同意，而且主人拿来的饮料，客人要喝光，不然就表示这个饮料不好，或者不喜欢这个饮料。另外，当西方人说不要时，是真的不要，而不是客套。

中国人认为“谦虚使人进步”，“为人应该低调”，含蓄、谦逊是中华美德，甚至在亚洲大部分地区都遵循着这样的处事原则，这样的文化习惯表现在言语行为上就体现为，尽可能贬低自己，称赞别人；隐蔽自己，张扬对方；即使不赞同对方的意见，也不直接反驳，而是非常委婉地表达自己的意见，甚至，因不愿意和对方唱反调，常常随声附和；受到他人称赞时，常常谦虚地说“哪里，哪里，我做得不好”等等。这才是民族心理中广泛认同的交际准则。而西方人，就如前面提到的，相比之下，他们更加崇尚自由本真，尊重平等，张扬自我。在行为处事上体现为“直来直往”，往往坦率地表达内心想法。

5.1.3.4　其他禁忌

前面讲了东西方国家由于地域差异、历史问题等因素，交流沟通中存在较大的文化差异，而亚洲国家之间由于历史、地理的原因，文化、思维方式等有更多相似相通之处。但如果你觉得到了我们的近邻就能够像到了自己家一样“为所欲为”，可就大错特错了。事实上，不同国家的习俗禁忌还是很多的。特别是“一带一路”使得我们与这些国家的经济文化联系比过去任何时候都频繁紧密，学习了解不同国家的习俗禁忌，有助于我们同这些国家的人民交往。

比如，在缅甸或泰国参观佛寺的时候一定要脱鞋进入，不然就是冒犯了佛祖，很可能会被僧人赶出去。缅甸的“脱鞋”风俗似乎存在于生活的各个角落，不仅去寺庙必须脱鞋，拜访别人也须赤脚，觐见国王时尤其要如此，穿着鞋子会引起别人的不满。摸头在这些国家也是不允许的，即使是看到可爱的孩子，也不能以摸头来表示自己的喜爱，据说是由于他们认为头部是一个人的灵魂所在，触碰别人头部是不敬、可怕的行为。

如果去越南，一定要礼貌待人。这里没有其他国家繁复的宗教禁忌，但是人与人之间基本的尊重被他们当做十分重要的事情，“平等”始终贯穿在他们的社会意识中。所以，谁要是对越南人不尊重，哪怕是对餐馆里的服务员，当地人都会感到被冒犯并且愤怒。

在泰国，佛教盛行，所以对僧侣一定要非常敬重。特别是女性一定要避免与僧人接触。泰国对僧人的要求很特殊，比如他们允许僧人饮酒抽烟，但又禁止僧人与女性接触。这种“接触”，即僧人不能触碰女性，女性也不能主动触碰他们。

在马来西亚，虔诚的穆斯林占据大多数，所以伊斯兰教的禁忌也体现得比较明显。每当傍晚时分，礼拜的时间到来，家家户户似乎都在祈祷。这对他们来说是十分神圣的时刻，千万要尊重他们的宗教习俗，绝不能在此时打扰穆斯林的礼拜。而且在马来人看来，随便用食指指点他人也是不礼貌的，他们指人会用拇指。所以，要注意在马来西亚看到别人对他人竖起大拇指，不一定是表示夸奖，可能是指着对方说什么呢！

## 知识巩固

（1）如果别人求你办一件事，你很有把握，你应该怎么说？“没问题，事情包在我身上！”和“我一定尽全力去办。”哪样说更好？为什么？

（2）语言沟通能力包括哪几方面？

（3）什么是网络沟通？网络沟通有哪些方式？

（4）什么是打电话三步式问好？

（5）假设你是红太阳培训机构的工作人员，要向某公司负责推销“职场英语口语”的培训课程，你被介绍给了这家公司人力资源部门的主任王皓楠。你预先已给王主任发过电子邮件进行了自我介绍。接下来，你要给对方打一次电话。请和你的搭档表演一下这次通话过程。

（6）跨文化沟通的含义是什么？

（7）称谓语在中西方之间有何差异？

（8）西方人为什么在表达自我意见时比较直接？

## 课堂测试

判断下列描述的正误。

（1）英国人忌讳在大庭广众面前耳语，更忌讳拍打肩背。（　　）

（2）和美国人道别时，可以说：“It's late. I must go.”（太晚了，我必须走了。）（　　）

（3）和英国人道别可以说：“I'm sorry I've wasted a lot of your time.”（抱歉，浪费您这么多时间。）（　　）

（4）同英美人士打招呼，可以问：“Have you eaten?”（吃了吗？）或者“Where are you going?”（去哪儿啊？）（　　）

（5）在美国不可以称黑人为Negro。（　　）

（6）在西餐厅用餐过程中可以跷着二郎腿、把胳膊整个架在餐桌上聊天。（　　）

（7）欧美人多信仰基督教，忌讳数字13和星期五。（　　）

（8）在欧美国家赴宴一定要准时，所以如果提早到达宴会地点，只能等到准时准点才能进门。（　　）

（9）吃西餐喝汤时，为了避免汤水洒出来，一定用勺子舀好汤把勺子整个放进嘴里。（　　）

（10）因为西方人比较直接，所以受邀在西方人家里吃饭时，不必等其他人，谁想先吃就先吃，不必等其他人一同用餐。（　　）

### 课后练习

（1）请简要总结电话沟通的礼仪和技巧。

（2）电话沟通中两步式道别包括什么？

（3）接电话时所做记录的要点通常有什么？

（4）把你认为最重要的五个关于微信沟通的技巧总结出来，并将其制成word 文档，作为附件发给任课老师。注意电子邮件的使用技巧与礼仪。

（5）哪些情况下需要发送电子邮件？

（6）我们的数学老师叫 Mary Jan Shute，所以我们应该称呼她什么？

（7）工作中需要与你接洽业务的 Jane Turner，大家都不知道她是否已婚，你应该怎样称呼她呢？

（8）在泰国、缅甸进入佛寺是否必须脱鞋？

（9）到外国朋友家中做客，一定不能把自己当外人，要主动到厨房给女主人打下手，这样好吗？

（10）到法国人家中做客，带什么礼物比较好？

## 5.2 职场逻辑思维能力

### 【案例 5-2】

#### 丢掉的一元钱

有三个人到一家旅店住宿，服务员说：三人间每晚 30 元，三人住每晚每人只需要 10 元。三个人听了觉得很便宜，于是每人交了 10 元钱高高兴兴住了进去。

收钱后服务员把钱交给了财务小张。小张说：老板早上交代过了今天他过生日，所以对住店客户打折，每个房间优惠 5 元钱。

服务员接过 5 元钱，心里边想：这五元钱分给他们三个人也没法均分。而且他们也不知道今天打折，不如我留下两元，给他们每人退 1 元钱。于是他给三个人每人退了 1 块钱。

服务员回到去后，很高兴自己挣了 2 元钱，但是他想着想着，觉得不对了：我退给他们每人 1 元钱，他们每人花 9 元钱，一共应该是 27 元，再加上我自己偷偷留下的 2 元，一共应该是 29 元。可刚开始住店的时候他们明明交了 30 元钱啊那剩下的 1 元钱哪儿去了呢？

**思考分析：**

你们能找出来丢掉的一元钱哪里去了吗？

## 知识链接

### 5.2.1 解放大脑，发散思维

现代社会是“脑力”竞争的时代，逻辑思维能力成为衡量人才的重要指标。拥有良好的逻辑思维能力，不仅可以提升个人的发展水平，而且可以在工作上游刃有余。因此，我们必须认识到良好思维的重要性，并且掌握其训练方法，从而提升我们的职场竞争力。

#### 5.2.1.1 认识大脑

人的大脑结构极其复杂。人的大脑重量大概是 1.2~1.5 千克，正常人的脑细胞约 140 亿~150 亿个，但被开发利用的不足 5%，大量的脑细胞处于休眠状态，著名的科学家爱因斯坦的大脑也只开发了 13%左右。因此，大脑的开发，不仅可以提高人的思维能力，而且可以提升人的工作能力，取得良好的工作成绩。

人的大脑被分成左半球和右半球，即左脑和右脑。左脑指挥身体的右半边，右脑指挥身体的左半边。左脑和右脑之间由一条“管道”连接，这条管道使得左脑和右脑可以协同工作，保持大脑正常工作。左脑主要进行理性思维和抽象思维，比如说话、计算、分析、逻辑推理、概括等。右脑主要进行直觉思维和形象思维，比如音乐、美术、情感、运动、手工等。大脑作为人们的神经中枢，对人们起着指挥控制的作用，主导人们的言行、思想、情感等。

#### 5.2.1.2 解放思维

A 思维的内涵

思维最初是人脑借助于语言对客观事物的概括和间接的反应过程。简单来说，每个人都是个独立的个体，通过声音、语言或图像感知来获取信息，发现问题，并积极解决问题的过程，就是人们思维的过程。所以思维以感知为基础又超越感知的界限。不同的人对问题的思考方式、思考角度与思考程度不同，因此会形成不同的见解，从而形成创造性的思维。这种独特性与创造性，同时反映了思维的广泛性与发散性，它灵活机动而不死板教条。思维的逻辑性体现在我们思考问题时，要通过事物的前后关系、因果关系，非常严密地进行逻辑推理。逻辑思维在科学研究中体现得非常充分。

B 大脑与思维

人的思维是通过大脑来实现的。思维最初是人脑借助于语言对客观事物的概括和间接反应的过程。它以感知为基础又超越感知的界限。它探索与发现事物的内部本质联系和规律，是认知过程的高级阶段。所以，大脑是思维形成的基本，没有大脑就不可能形成思维。大脑发达并且思维敏捷就是我们通常说的“聪明”。

要提升思维能力，必须首先了解大脑是如何运作的。

人的大脑高度精密和灵敏，非常发达并且具有巨大的开发潜能。这使得它可以使人具有多样的思维方式，如形象思维、演绎思维、归纳思维、联想思维、逆向思维、聚合思维、目标思维、发散思维等。这些思维方式分别由大脑的左右脑掌握。

所以，左脑是进行抽象逻辑思维、复合思维和分析思维的，右脑是进行具体形象思维、发散思维、直觉思维、创造性思维的。在日常教学中，我们侧重培养的主要是个人的逻辑思维能力，即左脑的开发，而右脑并没有得到同等的加强。学生经常出现缺乏整体把控能力、记忆力和创新能力不足的问题。因此，我们必须注重左脑和右脑的同时开发，使二者在相互关联中，最大程度地提高思维能力。

C 思维的重要性

同学们，你们是否碰到过这样的情况：在同一个课堂上课，有的同学会很快听懂老师讲的教学内容，并且能很快记下知识要点，而有的同学却始终听不明白。这种情况我们在生活中常常认为是因为某些同学天生聪慧，而有些同学天生脑子笨。然而事实并非如此，这种差异的产生，实际上是思维能力的差异造成的。

例如，世界记忆大师多米尼克·奥布莱恩并不是天生就记忆力好。他小的时候记忆力和阅读能力都很差，老师和同学们都把他看做差生，这让他感到很自卑。后来他偶然在电视中看到一个节目，有人在 3 分钟之内就记住 52 张扑克牌。他觉得很神奇、很不可思议。他找了一副扑克牌，开始尝试着记忆这些扑克牌。通过反复尝试，不断摸索，他独创了“多米尼克记忆系统”，并在第一届记忆锦标赛上战胜了所有对手，获得了冠军。之后他多次获得冠军，刷新世界纪录。他还向更多的人传授自己的经验，改善他们的记忆能力，进而改变了他们的学习和生活状态。

多米尼克·奥布莱恩的经历告诉我们，记忆能力是可以通过训练得到改善和提高的。同样的，有些同学学习数学很吃力，成绩很差。如果对其进行适当的逻辑思维训练，就可以提高他们分析问题的能力和逻辑推理的能力，从而提高他们解决数学问题的能力。所以，思维能力是可以通过训练得到提高的。

“学而不思则罔，思而不学则殆。”在越来越重视个人思维能力的今天，一个人的思维能力决定了他在职场上的工作能力以及未来的发展。

在职场上我们常常可以看得，同样一份工作，有的人可以出色地完成，得到领导和同事们的赞赏，而有些人就完成得很困难，很勉强，给领导和同事一个能力不够的印象。出现这样的差异，除了工作态度等因素外，主要是因为思维能力的不同。表现好的职员是因为对工作进行了全面细致的思考。思维决定行动。

5.2.1.3　思维训练

既然人们的记忆能力、语言表达能力、逻辑推理能力等思维能力都可以通过训练得以改善和提高，那么可以采用哪些方法提高思维能力呢?

A　在生活学习中训练

当我们需要记忆某些知识时，可以运用联想的方法，既容易记住所学知识，又能提高联想思维能力。当我们做作业时，养成计时的习惯。在确保作业质量的前提下，要求自己必须在限定的时间内完成作业。长期如此训练，可以提高思维的速度，增强思维的敏捷性。当我们在学习中需要解决某一问题时，可以尝试用各种不同的方法解决问题，然后选择最佳的解决方案。通过一题多解拓展思维的广度，提高思维的灵活性。当问题得到解决后，可以进一步探索，反复进行推敲，看看是否可以得到更多的结果，从而提高思维的深度。

B　通过活动游戏训练

参加活动游戏也可以使人们的思维能力得到提高。比如，参加球类比赛时，为了赢得比赛就要制定战术策略；在和别人下棋时，就要与其斗智斗勇，想方设法战胜对手；在组织班级活动时，就要集思广益，征集各种方案，通过比较筛选，从中选择最适合的方案。可见，参加各种活动游戏，在放松娱乐的同时，提高了思维能力。

此外，智力游戏题既有趣味性，又有针对性。通过相应的智力题进行针对性训练，可以使自己在某方面的思维能力得到快速提升。像脑筋急转弯，它可以训练思维的敏捷性和灵活性，使思维加以发散，提升思维能力。

C　通过专业实训训练

实训课既是中职生理论联系实际的重要途径，也是对职场环境的工作模拟。所以，中职生通过专业实训提高自己技能的同时，也可以训练自己的思维能力。在实训中遇到问题时，就要思考产生问题的各种可能性，制定出解决问题的各种方案，从中选择出最佳方案。这样，自己的发散思维能力、分析问题与解决问题的能力都会得到提高。

### 5.2.2　超级记忆术，记忆的金钥匙

记忆是人类文明发展的重要因素，人类在还未产生文字之前，那些有趣的传说故事，都是人们通过记忆，一代一代地口耳相传，这些故事让人们了解了过去，认识了祖先。在当今社会，一个人是否具备良好的记忆力，往往是他能否成功的关键。

5.2.2.1　掌握记忆规律，艾宾浩斯遗忘曲线

德国著名心理学家艾宾浩斯在1885年提出了著名的“艾宾浩斯遗忘曲线”。

他认为，我们能够在一定时间内记下多少信息，取决于我们如何分配并投入时间。如果把学习时间分割成多零散的时间片段（如15~45分钟），每个片段之间间隔5~15分钟，可以让我们的学习效率和成果更显著。因此，正确的记忆方法应当是：在接收到信息后，先让大脑暂时休息一会儿，以便更好地记忆并储存刚刚收到的信息。之后通过多次的复习，加深记忆。

#### 5.2.2.2 学会记忆技巧，掌握超级记忆法

##### A 联想记忆法——记住人名和长相

我们如何能在第一次见面，就牢牢记住对方的姓名和长相呢？可以运用联想的记忆法，将对方的长相、姓名、性格、见面地点和相关事务联系在一起。

（1）在外貌和地点之间建立联系，尽量使名字变得有意义。每个人的外貌、气质和性格都是不同的，因此，当我们第一面见到对方时，首先要将他的外貌地点相结合。

（2）尽量找出个人的独特特征。注意人的脸部。记忆面孔时，你要注意观察对方的脸部或者外表有什么独特之处，这样你下次遇见他的时候，他独特的外貌特征会首先引起你的注意。

（3）把他的名字和外貌特征联想在一起。如果你已经赋予一个人名字以丰富的意义，并且注意到他外表的独特性。那么你就可以把名字和特征联系起来，在二者之间建立起形象化的联系。如：任少俊身材高大剽悍：少年才俊身材高大剽悍；王春妮脸上两个小酒窝：春天的泥土筑起两个土窝。

（4）回顾这种联想。无论你采取什么样的方法学习新知识，如果不经常使用就可能忘记，除非经常复习。具体做法：刚记住的时候立即重复一遍，10~15秒以后再回想一下（遗忘最容易发生在你刚学完之后），然后，在大约1分钟之后再次复习一下，接下来你可以在几分钟后再次回想。

##### B 数字定桩法——好记性“胜过”烂笔头

你是否出现过经常忘记要做什么事，或者答应了别人的事情却一点都记不起来的情况？除了准备一个记事本将事情完全记录在本上之外，我们还可以利用超级记忆法，让我们的大脑记住所有的事情。

下面介绍“数字定桩法”，帮助大家在大脑中形成一个隐形备忘录。

（1）对10个数字进行编程。数字定桩法需要提前在大脑中对1~10这10个数字下定义，这相当于在自己的大脑中创建许多分类整理的记忆文件夹。当我们需要记忆的时候，就将需要记忆的信息有规律地编排到每一个数字所代表的文件夹中。这种记忆方法的优点是不仅信息的存储不会混乱，而且还可以非常快速准确地提取信息，十分有效率。

例如，根据每个数字的外形顺序，给予它们如下定义：1=蜡烛；2=鹅；3=耳朵；4=帆船；5=钩子；6=勺子；7=斧头；8=眼镜；9=哨子；10=棒球。

上面是根据数字本身的特点加以定义，所以非常好理解的，大家也可以根据自身的联想对数字 1~10 加以编码，并牢牢记住它们。

（2）将数字编程与事项加以联想。将数字编程与事项进行挂钩。这样，想起 10 个数字就想起了事项。

例如：王明明天安排的工作与联想见表 5-1。

**表 5-1　事件与联想**

| 序号 | 编码 | 事件 | 联想 |
|---|---|---|---|
| 1 | 蜡烛 | 到联通营业厅修理手机屏幕 | 修理好屏幕，手机就可以和蜡烛一样发光亮屏了 |
| 2 | 鹅 | 替母亲预约医院挂号 | 母亲胃口不好不能吃鹅，需要去医院 |
| 3 | 耳朵 | 给信息组上报数据报表 | 信息组是公司的耳朵，需要及时上报数据 |
| 4 | 帆船 | 通知调查组进行市场调查 | 调查组到市场需要使用交通工具（帆船） |
| 5 | 钩子 | 联系合作公司约定会面时间 | 像“钩子”一样，联合双方公司会面 |
| 6 | 勺子 | 请朋友吃饭 | 请朋友吃饭需要勺子 |
| 7 | 斧头 | 通知维修店到公司修理打印机 | 一个斧头砍下去，打印机就修理好了 |
| 8 | 眼镜 | 给弟弟快递考试参考资料 | 弟弟学习需要带上眼镜 |
| 9 | 哨子 | 通知部门成员进行培训 | 吹哨子集合对员工培训 |
| 10 | 棒球 | 到健身房办理健身卡 | 棒球是项运动，可以到健身房锻炼 |

这样，王明一想到第一件事就想到蜡烛，从而想到发光，进而想到需要修理手机屏幕；想到第二件事就想到鹅，想到鹅就想到母亲喜欢吃，但是生病了，于是就想到要去医院帮母亲预约挂号……

可能有人觉得这样记忆有些麻烦，但只要我们掌握联想规律，多加练习，就可以越来越熟练地掌握记忆的窍门，再也不会有“健忘症”的出现了！

### 5.2.3　六顶思考帽，掌握团队思维

从前，有一个人把自己的车涂成一半白色、一半黑色。朋友问他为什么要把车子颜色改变成这样，他说：“这多好玩啊，如果我发生车祸的话，那些目击者就会在法庭上争论看到的车子是黑色还是白色的了！”

这则故事是“创新思维之父”爱德华·德·博诺先生在一次会议的开幕演讲所讲的故事。可以想象，在法庭上，目击双方无论是说白车还是说黑车都是正确的，这只是由于他们所处的位置不同。在现实生活中，由于每个人的侧重点不同，看待问题的方式方法不同，所以常常出现每一方都各持己见，冲突加剧。

事实上，我们在思考问题时，不可能对同一个问题的所有方面既都思考得很深入，又都面面俱到。那么，有没有可能能找到一种方法，既能发挥人们思维的深度，又能扩展人们思维的广度呢？有！这就是接下来要介绍的剑桥大学医学博

士爱德华·德·博诺先生的平行思维工具——六顶思考帽。

5.2.3.1 平行思维工具——六顶思考帽

“六顶思考帽”是一个全面思考并力求形成创新思维的思考问题的模型。其实质上，就是将同一件事情，独立进行不同维度的思考，每一个思考维度就是一顶帽子。而各项“帽子”每次只能戴一顶，只有一个思考维度结束后，才可以换另一顶帽子思考。最后，将这些平行思考的论点与结论放在一起综合评判、分析，形成完整而全面的结论。这种思考方法能够让团队成员在同一时间思考同一问题，从而避免了思想混乱、相互争吵的情况。六顶思考帽已问世 30 余年，事实证明，用六顶思考帽的思维方式，能够大大提高效率，提高解决问题的能力。

曾经有人对 300 名公职人员进行简单的测试，通过六顶思考帽的方式，可以把思考的效率提高 493%！一家跨国公司，过去完成一项国际跨国项目的讨论，需要进行 30 天。如果使用六顶思考帽进行思考，只用 2 天时间就完成了整体项目的讨论。事实证明，通过六顶思考帽平行思考方式，能大大缩短开会时间，并且提高思考效率。

时间在竞争日趋激烈的当今社会已经越来越重要，提高 1%的效率，可能就是成功的制胜砝码，而在这里，我们能看到 493%甚至更多的提高。因此，掌握六顶思考帽，并能够在日常工作生活中熟练加以运用，就能够达到事半功倍的效果。

六顶思考帽是通过用不同的颜色——白色、红色、黑色、黄色、绿色和蓝色，划分不同帽子的功能，指向不同的思考的方向。每顶帽子不同的颜色，反映了它们在会议过程中的实际功能。

（1）蓝色思考帽。蓝色清雅、超脱，是天空的颜色，代表了冷静与客观，从天空视角来看，这是一种纵观全局的思考角度。天空高高在上，有纵观全局的气概。所以，蓝色思考帽代表了控制与整理的过程，它需要主持整个讨论，并且用规则规范全场，约束大家遵守游戏规则。整个讨论的开场、控场以及最终的结尾，是蓝帽的主要职责。蓝色帽子就是人类思考的程序帽。

蓝帽是控制之帽、监督之帽、导向之帽、总结之帽，蓝帽思考考察的也正是探索主题所需的思考本身。蓝帽思考者需要事先将讨论流程进行编排，掌控着整个讨论的进程。因此，戴蓝色思考帽的人在整个会议中是不需要换帽子的，而其他参与者也不能戴蓝色思考帽。

（2）白色思考帽。白色是中立客观的颜色，如同一张白纸，没有杂质，象征着客观与全面。运用白色帽子思考，要求参与者客观地呈现事物本身的状况，提供不带有任何个人感情的真实而准确的信息。因此，白色帽子往往出现在会议之前，为之后的思考讨论做好铺垫。它是中立的，只提供已有信息，而不生成创意。综上所述，白帽的目的就是集中精力寻找并列举出已知信息。

（3）红色思考帽。红色是火焰的颜色，代表了炙热的情感，当我们戴上了红色帽的时候，我们就可以直接地表达自己的情绪，并且不需要说明原因和理由。红色帽之所以必须存在，是因为个人情绪在任何时候都不可能被消除的，只不过它们在我们表达的时候可能暂时被粉饰了。因此，红色思考帽给人们提供了直接表达自我情感的机会。与白色帽相反，红色思考帽是名副其实的“情感帽”。但是，需要提醒的是，红色思考帽是有思考范围的，它“只可以用于某种确定的观点或情形，思考者不能改变观点本身。”其目的是表达现有的感情，而不强迫任何人做出判断。

（4）黄色思考帽。黄色代表阳光，是一种积极快乐的选择。当我们戴上黄色帽子，就需要以积极的心态来看待事物，主动寻找分析对象的优点。黄色思考帽实际上是“积极探索之帽”，关注与事物本身的价值与利益，努力寻找并积极给出正面的意见，同时，应当努力给自己提出的乐观思路提供更多的证据支持（并不强求），最终，使得思考的方式更加具有启发性和建设性。

（5）黑色思考帽。黑色常给人一种抑制、阴暗的感觉，因此他代表的是谨慎和小心，对问题进行合乎逻辑的批判。它要求思考者在符合逻辑的前提下，尽可能地谨慎。事实上，在具体问题的分析中，要想提取最大的价值，必须进行彻底的黑帽思考，以便进行提前规划，找到哪些事项是不足或有害的，从而多加关注，避免风险和危机。

（6）绿色思考帽。绿色象征着万物生长的大自然，代表生机勃勃的创造力。绿色思考帽是为创造性思考而设计的，当思考者带上绿色思考帽，周围的人们都需要以新的视角来看待事物本身，并将其思考的结果视为创造性的思考。此时，需要摆脱旧观点是束缚，在集体思考中，通过相互之间的“启发”，提出新的创意与灵感。

5.2.3.2 六顶思考帽的作用和意义

（1）精简思维，提高效率。六顶思考帽的思考模式，要求思考者在一段时间内只能带上一种帽子进行思考，这样可以让思考者在某一时间只做一件事情，这样的思考不仅可以简化思维，而且还能使问题的解决更加清晰，更有效率。

（2）立体思维，各个击破。六顶思考帽最大的优点，就是尽可能全方位地加以思考，并力求创新点。六黄帽代表对事件的肯定与创新，黑帽代表对事件的谨慎与小心；白帽代表客观和事实，红帽代表情感与喜恶；绿帽代表创意和希望，蓝帽代表控制和冷静。六顶帽子相互配合与促进，可以全方位地思考与解决问题。

（3）游戏思维，轻松解决。人们在讨论过程中，在特定时段所有人在同一时间都向同一方向思考。这样很好地避免了相互之间的冲突，使思考过程不含有攻击性，也不会抑制个人的自我与个性。同时，讨论过程通过帽子与角色的不断变化，思考者们转化思维，将讨论过程游戏化，使其氛围更加轻松愉悦。

5.2.3.3 六顶思考帽的应用

六顶思考帽主要被用在职场团队讨论中。英国的施乐公司反映，使用六顶思考帽后，他们仅用不到一天的时间就完成了过去需一周才能完成的工作；芬兰的ABB公司曾就国际项目的讨论了30天的时间，现在使用六顶思考帽仅用了2天；麦当劳日本公司让员工参加“六顶思考帽”的思维训练，取得了显著成效，员工更有激情。

那么，如何使用六顶思考帽进行讨论呢？

A 正常顺序

一般来说，一个典型的六顶思考帽团队在实际中的应用，公认的主要实施步骤是：

（1）提出议题（蓝帽）；

（2）陈述问题事实（白帽）；

（3）提出如何解决问题的建议（绿帽）；

（4）评估建议的优缺点：列举优点（黄帽）；

（5）列举缺点（黑帽）；

（6）对各项选择方案进行直觉判断（红帽）；

（7）总结陈述，得出方案（蓝帽）。

B 六顶思考帽的使用原则

六顶思考帽的基本使用原则就是要做到平行思考、全面思考、集中思考、秩序思考和限时思考。

（1）请记好每顶帽子的特点和功用。在开始讨论之前，每一位思考者都必须熟悉六顶思考帽的思考要点与作用，以便在讨论过程中提高思考效率。

（2）蓝帽不参与讨论。组织者（蓝帽）担任主持，主要任务是引领整个讨论的流程，要求蓝帽人要谨记六项帽子的思考特征，保持清晰的思路，避免将六种特质混为一谈。控制会议的进程节奏，但不参与讨论，并且不可以滥用蓝帽，频繁打断他人的发言。

（3）每次只能戴上 顶帽了，戴上之后只能使用这种帽子的方法来思考。当蓝帽提示全场当前时段使用哪顶帽子时，所有成员都必须同一时间转换思考方向，使用该顶帽子。如在黄帽阶段，全体成员需要提出积极评估事物的优点，这时如果有人使用黑帽加以缺点的反驳，是不被允许的，必须到黑帽阶段才可以发言。

（4）没有次序规定，可以重复带上，或者交替使用，但是发言者有时间限时。每顶帽子的使用次数不限，使用顺序也是不固定的，在讨论中，六项帽子可以灵活使用，人们可以在每一个不同帽子的思考过程中，发表个人的观点，如果某一环节需要重复戴上某一顶帽子，是可以的。此外，为了保证高效完成讨论，要求每一个讨论者尽可能的精炼表达用语，控制好时间，将自己的精华内容简洁明了地展现给大家。

## 知识巩固

（1）在生活中如何进行思维训练？有哪些思维方法？

（2）记忆人名的方法有哪些？

（3）请发挥自己的联想和想象，设置一套属于自己的数字记忆编码。

（4）六顶思考帽是哪六顶，分别代表了什么？

（5）六顶思考帽的游戏规则是什么？有哪些注意事项？

## 课堂测试

### 你能记住多少？

请根据数字定桩法，对表 5-2 所列的“三十六计”进行编码记忆。此训练的目的在于使学生了解大脑当中蕴藏的潜能，把握记忆规律，学会运用超级记忆法提升学习与工作效率。

**表 5-2　三十六计**

| | | |
|---|---|---|
| 第 01 计　瞒天过海 | 第 13 计　打草惊蛇 | 第 25 计　偷梁换柱 |
| 第 02 计　围魏救赵 | 第 14 计　借尸还魂 | 第 26 计　指桑骂槐 |
| 第 03 计　借刀杀人 | 第 15 计　调虎离山 | 第 27 计　假痴不癫 |
| 第 04 计　以逸待劳 | 第 16 计　欲擒故纵 | 第 28 计　上屋抽梯 |
| 第 05 计　趁火打劫 | 第 17 计　抛砖引玉 | 第 29 计　树上开花 |
| 第 06 计　声东击西 | 第 18 计　擒贼擒王 | 第 30 计　反客为主 |
| 第 07 计　无中生有 | 第 19 计　釜底抽薪 | 第 31 计　美人计 |
| 第 08 计　暗度陈仓 | 第 20 计　浑水摸鱼 | 第 32 计　空城计 |
| 第 09 计　隔岸观火 | 第 21 计　金蝉脱壳 | 第 33 计　反间计 |
| 第 10 计　笑里藏刀 | 第 22 计　关门捉贼 | 第 34 计　苦肉计 |
| 第 11 计　李代桃僵 | 第 23 计　远交近攻 | 第 35 计　连环计 |
| 第 12 计　顺手牵羊 | 第 24 计　假道伐虢 | 第 36 计　走为上 |

### 课后练习

## 举办一次记忆论坛

请在课后找朋友或家人一起，举办一次聚会或出游，而这次活动的目标，是每一个参与人员尽可能完整地记忆整个游玩的过程。记住，一定要尽可能玩得开心哦，这样有助于加强记忆。

活动结束后，请将参与者聚集在一起，并让每一个人都回忆记忆深刻的一个场景，其他人准备好纸和笔，尽可能地将此场景的细节记录下来，例如，彼此说过什么话，大家都穿了什么颜色和款式的衣服，有哪些行为动作，有没有一些突发事件。

全部书写完毕后，参与者相互之间进行对比对照，看是否有细节出入或者遗漏的地方，继续回忆，直到回忆起所有的细节。

# 5.3 职场信息处理能力

### 【案例 5-3】

## 某国是如何推理出大庆油田机密的

20 世纪 60 年代，我国大庆油田的位置、规模和加工能力是严格保密的。某国为了确定能否和我国做成炼油设备的交易，迫切需要知道大庆油田的位置、规模和加工能力。为此，其情报机构从我国公开的刊物中收集了大量有关的信息，在对所收集的信息进行了严格的定性及定量处理后得出了有关大庆油田的位置、规模和加工能力的准确情报。

例如，他们从 1964 年的《人民日报》上看到了题为“大庆精神大庆人”的报道，从而判断出：中国的大庆油田确有其事；从 1966 年的《中国画报》上看到了王进喜站在钻机旁的那张著名的照片，根据照片上王进喜的服装衣着判断，大庆油田可能在冬季为零下三十度的齐齐哈尔与哈尔滨之间的东北北部地区；之后，他们在中国坐火车时发现，来往的油罐车上有很厚的一层土，得出了“大庆油田在东北三省偏北”的结论。

1966 年 10 月，该国情报机构又对《人民中国》杂志上发表的王进喜的事迹介绍进行了详细地分析，从中知道了“最早钻井是在北安附近着手的”，并从人拉肩扛钻井设备的运输情况中判明：井场离火车站不会太远；在王进喜的事迹报道中有这样一段话："王进喜一到马家窑看到大片荒野说：'好大的油海！我们要把石油工业落后的帽子丢到太平洋去。'"，于是该国情报机构从地图上查到："马家窑是位于黑龙江海伦县东南的一个村子，在北安铁路上一个小车站东边十多公里处。"经过对大量有关信息严格的定性与定量分析，某国情报机构终于得到了大庆油田位置的准确情报。

**思考分析：**

(1) 通过这个案例，你能分析出信息的重要意义吗？

(2) 从案例中你看到信息获取的途径有哪些？获取怎样的信息是有价值的？

## 知识链接

### 5.3.1 信息的确定与获取

5.3.1.1 确定信息需求

获取信息，首先要从分析问题开始，确定需要哪些方面的信息以及最后希望达到怎样的目标。

A 了解并确定信息内容

获取信息的关键要点之一，就是在接受某项搜索任务时，要了解并确定所需要搜集的信息内容，即你要思考：这项任务我要查找什么？需要哪些方面的信息？哪些信息能帮助我解决问题？这些问题的答案就是信息内容。确定了需要的信息内容，就为下一步进行搜索并获取这些信息奠定了基础。

B 信息内容由人们的某种"需要"确定

信息内容必须与信息搜集的目的相联系，即你想知道什么？你搜集信息的目的是为了满足什么需要？要解决什么问题？是"需要"驱动你去搜集信息的。而"需要"形式多样，在工作和生活中随处存在。例如，领导或上司安排你搜集某项业务进展情况的资料，或日常生活中你计划实施某项活动而需要了解的相关信息等，都离不开一个中心点：即搜集什么信息，搜集哪些信息是以满足人们的某种"需要"为目的的。

我们要明白，获取信息只是手段，目的才是根本。因此在进行信息搜集时必须先要明确：信息搜集的目的是什么，有什么要求，以此来设定要搜集的信息内容。明确所要搜集的信息内容，这是保质保量完成信息搜集任务的前提条件。

5.3.1.2 选择信息来源

获取信息的关键要点之二，就是在明确所要搜集的信息内容后，要确定信息可能的来源范围，确定搜索方向，在确定的范围内进行搜寻，这是快捷高效获取所需信息的必要条件。大千世界，信息在哪里？概括起来，可以参照表5-3中所列的来源途径寻找信息。

表5-3 信息的寻找

| 信息类型 | 来 源 | 优 点 | 不 足 |
|---|---|---|---|
| 文献型信息 | 报纸、期刊、公文、报表、图书、辞典 | 全面、系统、可靠、清晰、明确 | 编辑、印刷、发行等需要较多时间，信息比较滞后 |
| 口头型信息（个人信息） | 同学、朋友、亲戚、父母、老师 | 灵活、方便 | 信息带有主观成分 |
| 电子型信息 | 广播、电视、电话、互联网 | 更新快、范围广、易复制、生动、直观 | 需要一定的设备 |
| 实物型信息（现场信息） | 运动会、动物园、销售市场、各类公共场所及事件发生现场 | 直观、真切 | 信息零散、表面、往往稍纵即逝 |

从表5-3中可以看出，不同的信息来源各有其特点和优势。既然信息来源是如此丰富且各具优点，那么如何选择合适的信息来源就非常重要了。可以根据需求和已有条件去掉一些不合适的信息来源，再从最方便、性价比最好的信息来源开始尝试，如果无法获取需要的信息，则需要再做选择。不同的信息来源还可以相互结合，相互补充，以提供更好的信息服务，比如：可以使用手机下载歌曲、在网上看电视、在网上看报纸，这些都是不同信息来源的组合。

一般来说，信息源越广，搜集到的信息量就越大；信息源越可靠，搜集到的信息就越真实可信。因此，应尽量拓展信息来源，以保证信息的数量和质量。但同时也要从实际出发，因为选择的信息源应当是在你的能力范围内可触及的。为了使采集到的信息更具说服力，选择信息源的时候，应尽量选择可靠的信息源，同时，力求信息来源具有多样性和代表性，避免从单一渠道获取信息。

### 5.3.2 信息的加工与传递

对信息进行加工处理，目的是为了能够把想要表达的思想以清晰明了的形式准确地传递给对方。在加工信息之前，要明确图5-1所示的问题。

#### 5.3.2.1 常见信息类型

随着信息技术的日益普及，人们在日常生活、学习中越来越习惯于通过计算机加工处理各种日常文本信息，如信函、论文、报告、通知、书籍、杂志、报纸等，从而更加快捷有效地表达自己的意图。使用文字处理软件对文本信息进行加工表达，已经成为现代人必备的基本技能。

不同文本的表现形式有不同的加工特点，所选用的工具也不一定相同。按文本组织形式的复杂程度，我们可把文本信息的加工分为日常文本信息的加工和报刊类文本信息的加工两类。

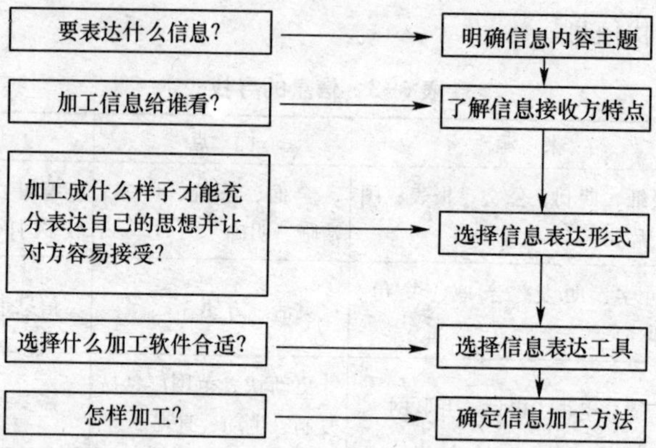


图 5-1　信息加工前的准备

#### 5.3.2.2　日常信息的加工

在日常学习、工作中，人们常常需要加工各种各样的信息，如标语、广告、通知、信函、报告、文章等，这类信息的主题内容相对单一，结构相对简单。对于这些信息，在进行加工时必须坚持如下原则：

（1）表达的主题、意图必须鲜明。

（2）版面样式符合阅读对象特征及应用场合。

（3）版面布局合理匀称。

（4）内容层次结构清晰。

（5）文字、标点恰当，排版符合同类文本的一般规范。

（6）能给人留下深刻印象。

#### 5.3.2.3　信息传递

##### A　信息传递的含义

信息传递就是以信息提供者为起点，通过传播媒介或载体，把信息传递给信息的接收者。传递信息必须具备三个要素：信源、信道、信宿。信源是指信息的来源，分为原生源和再生源。前者生成的信息以原始信息的形式直接进入传递，后者是指搜集、加工后以二次信息的形式进入传递。信道是指信息传递的通道，包括信息传递的媒介和运行方式。信宿是指信息传递的终点，即信息的接收者。信宿可以是个体、群体或组织。

##### B　信息传递方向

（1）内向传递。内向传递是为了进行协调和合作，企业内部之间进行信息交流。内向传递通常用于传递企业当前工作的重要安排和部署信息、工作进展情况信息，也可以在了解员工对本企业工作的看法，了解公众对企业产品质量、销售情况和售后服务等方面的意见和社会各个方面发展情况的信息之后，将这些信息、意见或看法进行传递。

内向传递的形式有信息件、备忘录、通知或告示、传阅单、企业业内部刊物等传递形式。

（2）外向传递。外向传递是指在日常工作中有效利用各种媒介，如通过印刷媒介类的报刊、书籍、宣传材料和电子媒介类的广播、电视、网络等向公众传递信息，宣传企业的经营政策、业务进展、产品销售情况，树立企业形象，增进社会公众对企业产品及服务的了解和认可。

外向传递的形式有信件、新闻稿、新闻发布会、报刊简短声明、邮件等方式。

信息传递流程如图 5-2 所示。

图 5-2　信息传递流程

## 5.3.3　信息分析与预测

### 5.3.3.1　信息分析与预测的含义

信息分析与预测是一项内容广泛的信息深加工活动，其活动的侧重点主要体现在两个方面：一是对已知信息内容的深入分析；二是建立在这种分析基础上的对未知或未来信息的科学预测。

信息分析与预测是以信息分析和信息预测为关键环节的一系列活动的统称。具体来说就是：针对用户特定的信息需求，制定研究课题；然后通过文献调查和社会调查，广泛系统地搜集与该课题有关的已知信息，经过加工整理、价值评价和分析研究，使已知信息的内容得以系统化、有序化，以揭示客观事物的运动规律，并在此基础上，运用科学的理论、方法和技术，对客观事物的未知或未来信息作出合理的预测；最后以某种信息产品的形式将预测的成果通过适当的传递渠道传递给用户，满足用户的需要。

需注意以下几点：

（1）信息分析与预测必须建立在用户及其特定的信息需求基础上。这个基础是信息分析与预测活动得以开展的原动力。

（2）信息分析与预测必须以占有大量的已知信息为前提。

（3）信息分析与预测是一种信息深加工活动，一般性的信息加工不能称作信息分析与预测。

（4）广泛采用现代化的信息技术手段和科学的信息分析与预测方法是成功

地进行信息分析与预测的重要保证。完整的信息分析与预测是一个系列化的活动过程，包括前后相随且密切相关的若干个环节。

5.3.3.2 信息分析与预测的特点

(1) 内容的针对性。

1) 信息来源和研究本身具有目的性，即研究人员要根据社会需要和特定的委托，确定研究课题和研究目标。

2) 信息产品对用户的适用性，例如，在信息产品的内容、格式和传递渠道上需适合用户的特定需要。

(2) 过程的系统性。使大量分散无序的信息密集化、有序化，使不同层面的信息串联化，使不同时空的信息整体化。

(3) 方法的科学性。信息分析与预测通过科学的研究方法和手段，揭示研究对象的特性和规律性变化。

(4) 工作的近似性。信息分析与预测只是对事件未来状态的预计和推测，或者是对已发生事件的未知状态的估计和推断。

(5) 成果的局限性。信息分析与预测人员对研究对象的认识，往往受其学识、经验、观察分析能力、原始信息的质和量、信息处理方式等的限制，因此，信息分析与预测有时并不够深刻、全面，其结果往往具有一定的局限性。

知识巩固

(1) 请阐述如何确定并获取信息。

(2) 日常信息加工必须坚持什么原则?

(3) 信息传递必须具备的三要素是什么?

(4) 请说出信息分析与预测的特点。

课堂测试

## 测试一 信息的收集与整理

(1) 任务描述。

小P在旅游公司工作，公司安排小P承担布达拉宫的地接旅游任务，为此，小P需要整理出一份布达拉宫的旅游词。

工作中，你也许会和小P一样碰到类似的问题，那么你该如何解决呢?首先，要搜集大量的资料，并从中筛选出为完成工作任务所需要的资料；其次，需要进一步认真阅读这些资料，找出自己所需要的信息；最后，要根据工作任务对信息进行分门别类地整理汇总。这三个阶段是一个有机的整体，缺一不可。

（2）任务目标。

能从布达拉宫的地理位置，经典故事、气候特点、人文景观、自然景观、当地特产这些方面进行查询。阅读找到大量资料，能迅速、全面地找到完成任务所需的信息。

（3）任务实施。

1）搜集信息。以组为单位，从下列几个方面查找布达拉宫的旅游资料，包括导游图，并将相关资料的信息填入资料搜集信息表5-4。

**表5-4 资料搜集信息表**

| 分类 | 资料名称 | 内容大意 | 获取方式 | 作者 | 资料位置 |
|---|---|---|---|---|---|
| 地理位置 | | | | | |
| 经典成因 | | | | | |
| 气候特点 | | | | | |
| 人文景观 | | | | | |
| 自然景观 | | | | | |
| 当地特产 | | | | | |

2）帮小P写一段3分钟的布达拉宫导游词，并制作PPT。

（4）任务评价。

以组为单位，每组推荐一名同学讲述寻找资料的过程，展示所搜集的资料，进行 3 分钟现场导游讲解展示。并请各组为其打分，见表 5-5。

**表 5-5　打分表**

| 项　目 | 是 | 否 |
| --- | --- | --- |
| 所选资料与主题相关 | | |
| 所找资料提供了事实根据 | | |
| 所找资料来源可靠 | | |
| 制作的 PPT 效果好 | | |
| 现场表演展示精彩 | | |

## 测试二　问卷调查

问卷调查法是获取信息的一个常用方法，它是通过设计调查问卷，让被调查者填写调查表的方式获得所调查对象的信息。在调查中将调查的资料设计成问卷后，让接受调人查的对象将自己的意见或答案，填入问卷中。

请你认真阅读以下调查问卷，根据问卷内容进行分析，回答后面的几个问题。

### 中职生职业素养教育调查问卷

亲爱的同学，您好！

为深入了解中职生职业素养教育方面存在的问题，以便于在今后的教育教学过程中，进行有针对性地改进，我们特制作本调查问卷。您的意见及建议是我们改进工作的珍贵资源！烦请您花几分钟时间填写本问卷，谢谢您的合作！

1. 您知道什么是职业素养吗？(　　)

A 非常了解　　B 了解　　C 不了解

2. 您认为是否应该在学校进行职业素养教育？(　　)

A 应该　　B 不应该　　C 无所谓

3. 你对你的文化课课程安排是否满意？(　　)

A 满意　　B 不满意　　C 说不清

4. 你对你所学专业是否感兴趣？(　　)

A 非常感兴趣　　B 不感兴趣　　C 说不清

5. 你是否认为自己学到了需要的知识？(　　)

A 是　　B 不是

6. 你最喜欢怎样的学习方式？(　　)
A 自主学习　　B 合作学习　　C 老师讲授
7. 如果在自学时碰到难题你会怎么办？(　　)
A 请教老师　　B 请教同学
C 自己查找有关资料（书报，电视，电脑等）
D 暂时搁置
8. 课余时间你是怎么度过的？(　　)
A 完成作业　　B 社会实践　　C 个人爱好
D 学习专业　　E 其他
9. 你所上的课，课堂授课是否为互动方式？(　　)
A 是　　B 不是
10. 你认为目前的考试方式（　　）。
A 很合理　　B 不合理　　C 说不清
11. 你对考试结果的态度是（　　）。
A 很在意　　B 比较在意　　C 无所谓
12. 你对家长和老师的意见（　　）。
A 完全听从　　B 作为参考　　C 抵触
13. 你是否经常进行体育锻炼？(　　)
A 经常　　B 偶尔　　C 从不
14. 你是否经常参加团体体育项目？(　　)
A 经常　　B 偶尔　　C 从不
15. 你跟同学的关系（　　）。
A 很好　　B 不好　　C 一般
16. 你上网的主要目的是（　　）。
A 查资料　　B 玩游戏　　C 聊天　　D 其他
17. 你是否经常参加实践活动？(　　)
A 经常　　B 偶尔　　C 从不
18. 你是否能很好地完成校内专业训练？(　　)
A 能　　B 不能
19. 课外实习期间你是否能达到预期的目标？(　　)
A 能　　B 不能
20. 你在学习过程中是否经常有新奇的想法？(　　)
A 经常　　B 偶尔　　C 从不
21. 你的新奇的想法是否经常受到鼓励？(　　)
A 是　　B 不是

22. 遇到挫折你会（　　）。

A 很沮丧　　B 继续努力　　C 放弃　　D 不知所措

23. 看到不文明行为你会（　　）。

A 制止　　B 沉默　　C 反感

24. 公交车上你是否会主动给老人孩子让座？（　　）

A 经常　　B 偶尔　　C 从不

25. 你认为你还需要提高哪方面的素质？（　　）

A 思想道德　　B 文化素养　　C 身体素质

D 心理素质　　E 创新意识　　F 信息素养

26. 您近期要达成的目标是（　　）。

A 提高考试成绩　　B 找到理想工作

C 完善自身心理素质　　D 增强社会生存发展能力

27. 您职业高中学业结束后的打算是（　　）。

A 求职　　B 创业　　C 继续深造

28. 您希望提高哪方面的学习素质？（　　）

A 提高学习动力　　B 提高记忆力

C 提高分析问题的能力　　D 提高注意力

E 掌握高效的学习方法　　F 其他

29. 您希望提高哪方面的就业素质？（　　）

A 调整求职心态　　B 准确选择职业　　C 提高简历撰写能力

D 掌握面试技巧　　E 提高职业素养　　F 其他

30. 您希望提高哪些心理素质？（　　）

A 增强自信心　　B 提高耐挫能力　　C 增强心态调节能力

D 提高自理能力　　E 增进自立精神　　F 其他

非常感谢您的建议和意见！

问题 1：由以上两份问卷可以看出，调查问卷一般由________________这几部分构成；问卷的问题设计的类型包括________________________

问题 2：除此以外，还有哪些不同类型的问卷调查？

________________________________________________

________________________________________________

________________________________________________

问题 3：问卷设计还有哪些需要注意的问题？

________________________________________________

________________________________________________

________________________________________________

**课后练习**

（1）假设你想开一家蛋糕店，想了解市场份额、竞争对手、价格以及最佳销售地点等情况，你需要搜集哪些类型的数据？为什么？

（2）利用搜索引擎查询汉语“信息”一词的最早出处。

## 5.4　职场礼仪

**【案例 5-4】**

### 一次失败的推销

某照明器材厂的业务员赵先生按预约到某公司推销本厂新研发的照明器材。他拿着样品，兴冲冲地登上六楼，顾不上擦一下脸上的汗珠，直接推门走进了业务部张经理的办公室，将正在处理业务的张经理吓了一跳。

“对不起，这是我们厂设计的新产品，请您过目。”赵先生说。张经理停下手中的工作，接过赵先生递过的照明器，随口赞道：“好漂亮！”并请赵先生坐下，倒上一杯茶递给他，然后拿起照明器仔细研究起来。赵先生看到张经理对新产品如此感兴趣，有些得意，便往沙发上一靠，跷起二郎腿，一边吸烟一边悠闲地环视着张经理的办公室。当张经理问他电源开关为什么装在这个位置时，赵先生习惯性地用手搔了搔头皮，然后作了较详尽的解释，张经理还是有点半信半疑。谈到价格时，张经理强调：“这个价格比我们预算高出较多，能否再降低一些？”赵先生回答：“我们经理说了，这是最低价格，降不了了。”张经理沉默了半天没有开口。赵先生有点沉不住气，烦躁地拉松领带，眼睛盯着张经理。张经理不禁皱了皱眉，问道：“这种照明器的性能先进在什么地方？”赵先生又搔了搔头皮，反复强调：“造型新、寿命长、节电。”张经理不想再和赵先生谈了，就托辞离开了办公室。

赵先生一个人在办公室里等了一会，感到无聊，便拿出自己的手机玩起游戏来。又感到口渴，很随意地倒了杯水，一边吸烟一边玩手机。

**思考分析：**

（1）赵先生的生意没有谈成，其礼仪缺陷有哪些？

（2）在商务活动中，赵先生应该如何注意自己的个人礼仪问题？

## 知识链接

### 5.4.1 礼仪的含义

“礼仪”一词是由两个词素组成：“礼”包括“礼貌”和“礼节”；“仪”包括“仪式”和“仪表”。“礼貌”是指人与人之间和谐相处的意念和行为，是通过言谈举止对别人表示尊重与友好的表现；“礼节”是人对人表示尊重的各种形式，包括动作形式和语言形式；“仪式”是指人们在较大或隆重场合中举行活动的程序和规定；“仪表”是指人的容貌、服饰、表情、姿态等方面的展示，以及人的精神、气质的外化表现。因此我们得出：礼仪指的是人们在社会交往活动中形成的行为规范与准则，具体表现为礼貌、礼节、仪表、仪式等。

### 5.4.2 礼仪的作用

礼仪具有处理人们相互关系，协助不同人实现交流、合作等目的的作用，具体表现在以下几个方面：

（1）满足人与人之间彼此尊重的需要。《孝经》中云：“礼者，敬而已矣。”交往的双方，一方向对方表示敬意，对方应以礼相回。交往过程中注重礼仪，就是建立在彼此尊重的基础上。

（2）约束社会成员的行为。礼仪是一种行为规范，对人们的社会行为具有很强的约束作用。生活在某种礼仪习俗中的人，都要受到该礼仪的约束。自觉接受礼仪约束的人是“知书达理”，不接受礼仪约束的人，会受到道德和舆论的谴责，甚至会受到法律的制约。

（3）提高人的交往能力。建立在礼仪基础上的交往，遵循一定的礼仪形式，可以化解矛盾、建立新关系模式，提高了人的交往能力，发展健康良好的人际关系。

（4）塑造良好的形象。所谓形象好是指个人的衣着、言谈、举止符合一定的礼仪规范。人们愿意与形象好的人交往。学习礼仪有助于我们塑造良好的个人形象，有助于我们的社会交往。

（5）有助于在职场中走向成功。礼仪不仅体现在日常生活中，还体现在工作中。熟练运用职场礼仪，在复杂的人际关系中保持冷静，按照礼仪的规范来约束自己；通过职场礼仪中的一些细节，得到领导与同事更多的信任，使人际间的感情得以沟通，与领导同事间建立起相互尊重、相互信任、友好合作的关系，从而使自己的事业进一步发展，逐步走向成功。

### 5.4.3 礼仪的原则

（1）遵时守约原则。遵时守约是指约会要事先发出邀请，不论是邀请方还是应邀方，一旦答应，就应该按时履约，遵守时间，信守诺言。无论有什么理由，不遵时守约都是不礼貌的。中国传统文化提倡无论做人还是做事，都要以信义为本，提倡“一诺千金”。

（2）公平对等原则。公平对等原则是指尊重交往对象，对任何交往对象都必须一视同仁，给予同等程度的礼遇。不允许因为交往对象彼此之间在地位、财富以及与自己的关系亲疏远近等方面有所不同，就厚此薄彼，区别对待，给予不同待遇。

（3）和谐适度原则。和谐适度的原则是要求使用礼仪一定要具体情况具体分析，因人、因事、因时、因地恰当处理。应用礼仪时特别要注意做到把握分寸，认真得体，不卑不亢，热情大方，有理、有利、有节，避免过犹不及。分寸感是礼仪实践的最高技巧，运用礼仪时，假如做得过了头，或者做得不到位，都不能正确地表达自己的自律、敬人之意。因此一定要做到和谐适度。

（4）宽容自律原则。宽容自律的原则是要求人们在交际活动中运用礼仪时，既要严于律己，更要宽以待人。要多容忍他人，多体谅他人，多理解他人，学会为他人着想，善解人意。豁达大度、容纳意识和自控能力是现代人应具备的基本素质。只有能理解人，才能做到宽宏大量。千万不要求全责备，斤斤计较，咄咄逼人。

（5）尊重习俗与风俗禁忌原则。《礼记》中说：“入境而问禁，入国而问俗，入门而问讳。”俗话说“十里不同风、八里不同俗”，“到什么山唱什么歌”，这些劳动人民有益的格言都说明尊重各地不同风俗与禁忌的重要性。尊重习俗原则与风俗禁忌是指世界每个民族地区都可能有自己独特的风俗禁忌，我们应当理解它、尊重它，不违反这些风俗禁忌。

## 5.4.4 学习礼仪的途径与方法

### 5.4.4.1 学习礼仪的途径

礼仪是一种修养，我们要多学习礼仪的相关知识，加强思想道德修养。可以多阅读一些优秀的文学作品，丰富文化知识，认真学习并自觉遵守一些规矩、规范等。总之，礼仪修养就是修筑内心的过程。多接触真、善、美的事物，从内心建设起真诚、美好的世界，再“修炼”个人优雅的举止、文雅的语言、高雅的品位，最终形成由内而外、自然和谐的礼仪风采。

### 5.4.4.2 学习礼仪的方法

（1）通过学习，不断提高思想认识。礼仪是具有很强的地域性差异并且是不断发展的，因此我们必须多学习，不断提高认识才能从容应对不同的环境与场合。

（2）理论与实践相结合。一方面多学习礼仪的相关知识，另一方面对照自身，改正不符合礼仪的言行举止，真正做到表里如一。

（3）要有一颗宽容的心。真正懂礼仪的人不会追究他人的失礼，而是报以宽容的微笑。

（4）要持之以恒。习惯的养成非一朝一夕之功，只有夜以继日、持之以恒才能形成稳定的习惯。

## 5.4.5 职业礼仪

### 5.4.5.1 仪容仪表

A 干净整洁

（1）坚持洗澡、洗头、洗脸。

（2）去除眼角分泌物。

（3）男士定时剃须。

（4）保持手部卫生。

（5）注意口腔卫生。

B 适当的化妆

a 化妆的原则

（1）美化原则。做到扬长避短。

（2）自然原则。不能浓妆艳抹。

（3）协调原则。妆容应与个人职业、年龄、所处场合相协调。

b 化妆的礼仪

（1）工作时间不能化妆，否则易被他人当作不务正业的人；不允许在男士面前化妆，否则会引起误会；不要非议他人的化妆。

（2）由于民族、肤色和文化修养的差异，每个人的化妆不可能都是一样的；男士化妆应适当，化妆品不宜太多，否则让人讨厌；不要借用他人的化妆品，这样做既不卫生也不礼貌。

C 合体的着装

工作时，如工作单位提供工作装，则应着工作装；如未提供工作装，可选择适合的服装。着装应注意以下问题：

a 着装的原则

（1）时间原则。不同的季节、不同的时间应穿不同的服装。

（2）环境原则。不同的工作环境、不同的社交场面，着装要有所不同。

（3）个性原则。穿着既要适合自己，能表现自己的个性风格，又要对应别人，与你的交际对象保持协调一致。

b 着装的三项注意

（1）注意协调。所谓穿着的协调，是指一个人的穿着要与他的年龄、体形、职业和所处的场合吻合，体现出一种和谐，这种和谐能给人以美感。

（2）注意色彩。需要注意色彩具有冷暖、轻重、缩扩等特性。在搭配色彩时可以采用统一法、对比法、呼应法。

工作中应选择正装。正装一般为单色和深色；衬衫最好是白色或是蓝色；鞋袜黑色最好。

（3）注意场合。所谓穿着要注意场合，是说要根据不同场合来进行着装。比如：

喜庆欢乐的场合，如公司庆祝会、剪彩等，女士可以穿得色彩鲜艳、丰富一些，款式也可以新颖一些，以烘托活跃欢乐的气氛。男士可以穿白色或其他浅色西装，佩戴花色漂亮醒目的领带，以表现男士轻松愉快的心情。

隆重庄严的场合，如开幕闭幕式、签字仪式、重要的或高层次会议、重要的会见活动、新闻发布会等。男士们应西装革履，正规、配套、整齐、洁净、一丝不苟。女士应穿上套装或较为素雅端庄的连衣裙，体现职业女士在正规场合的风范。

华丽高雅的场合，多半为晚上举办的正式社交活动，如正式宴会、酒会、招待会、年会等。在这种场合女士可以穿连衣长裙、套裙，面料要华丽，质地要好，色彩应单纯（最好为单色）。服装可以有花边装饰，也可以用胸针、项链、耳环、小巧漂亮的坤包点缀。男士穿着深色西服，从头到脚修饰一新，就可以步入华丽高雅的场合。

悲伤肃穆的场合，如参加商务合作伙伴方的吊唁活动和葬礼。男士可以穿黑色或深色西装配白衬衣、黑领带；女士不抹口红、不戴装饰品、不用鲜艳的花手绢，全身衣装是深色或素色。要使外表的肃穆与内心的沉痛协调统一起来。

5.4.5.2　仪态

A　站姿

a　标准的站姿

标准站姿的要领是：双目平视，颈部挺直，下颌微收，口微闭，表情自然。两肩平整，微微放松，自然下垂，微向后扩张。两臂自然垂于身体两侧，掌心向内，中指贴拢裤缝。挺胸，收腹，立腰。后腰有向上提的感觉。两腿立直，膝盖、脚跟相靠，两脚尖张开约60度，或双脚并拢，向前对正。身体重心落于两脚正中（脚掌、足弓位置上）。从侧面看，头部、肩部、上体、下肢均在一条直线上。

b　不同场合的站姿

在升国旗、奏国歌、接受奖品、接受接见、致悼词等庄严的仪式场合，应采取严格的标准站姿，而且神情要严肃。

在发表演说、新闻发言、作报告宣传时，为了减少身体对腿的压力，减轻由于较长时间站立双腿的疲倦，可以用双手支撑在讲台上，两腿轮流放松。

主持文艺活动、联欢会时，可以将双腿并得很拢站立。女士甚至站成“丁”字步，让站立姿势更加优美。站“丁”字步时，上体前倾，腰背挺直，臀微翘，双腿叠合，玉立于众人间，富有女性魅力。

门迎、侍应人员往往站的时间很长，双腿可以平分站立，但双腿分开不宜超过肩。双手可以交叉或前握垂放于腹前；也可以背后交叉，右手放到左手的掌心上，但要注意收腹。

礼仪小姐的站立，要比门迎、侍应更趋于艺术化，一般可采取立正的姿势或“丁”字步。如双手端执物品时，上手臂应靠近身体两侧，但不必夹紧，下颌微收，面含微笑，给人以优美亲切的感觉。

B　坐姿

a　标准的坐姿

首先站好，全身保持站立的标准姿态，两腿平行于椅子前面，弯曲双膝，挺直腰背坐下。落座时声音要轻，动作要缓。落座过程中，腰、腿肌肉要稍有紧张感。上身正直而稍向前倾，头、肩平正，两臂贴身下垂，两手可随意摆放在大腿上，两腿外沿间距与肩宽大致相等，两脚平行自然着地。

b　不同场合的坐姿

谈判、会谈时，场合一般比较严肃，适合正襟危坐，但不要过于僵硬。要求上体正直，端坐于椅子中部，注意不要使全身的重量只落于臀部，双手放在桌上、腿上均可。双脚为标准坐姿的摆放。

倾听他人教导、知识、传授、指点时，对方是长者、尊者、贵客，坐姿除了要端正外，还应坐在坐椅、沙发的前半部或边缘，身体稍向前倾，表现出一种谦虚、迎合、重视对方的态度。

C　走姿

a　标准的走姿

上身基本保持站立的标准姿势，挺胸收腹，腰背笔直；两臂以身体为中心，前后自然摆动。前摆约35度，后摆约15度，手掌朝向体内；起步时身子稍向前倾，重心落前脚掌，膝盖伸直；行走中两脚间距约为一脚长；行进速度应均匀。

b　不同场合的走姿

进入办公场所、登门拜访等室内场所，脚步应轻而稳。

走入会场、走向话筒、迎向宾客，步伐要稳健、大方、充满热情。

迎接外宾等重大正式场合，脚步要稳健，节奏稍缓。

办事联络，往来于各部门之间，步伐要快捷又稳重，以体现办事者的效率、干练。

陪同来宾参观，要照顾来宾行走速度，并善于引路。

#### 5.4.5.3 交际礼节

A 称呼

a 通常的称呼

(1) 称呼姓名。一般的同事、同学关系，平辈的朋友、熟人，彼此之间均可以姓名相称。

(2) 称呼职务。在工作中，以交往对象的职务相称，以示身份有别、敬意有加，这是一种最常见的称呼方法。

(3) 称呼职称。对于有职称者，尤其是有高级、中级职称者，如教授、工程师等，可以在工作中直接以其职称相称。

(4) 称呼学衔。在工作中，以学衔作为称呼，可增加被称呼者的权威性，有助于增强现场的学术氛围。可以在学衔前加上姓氏，例如“黄博士”。

(5) 称呼职业。称呼职业，即直接以被称呼者的职业作为称呼。例如将教员称为“老师”，将教练员称为“教练”或“指导”。

b 几种称呼的正确使用

(1) 同志。政治信仰、理想、爱好等相同者，可称为同志。如党员之间、军人之间、普通公民之间都可以使用。但对于儿童，对于具有不同政治信仰、不同价值观、不同国家的人，尽量少使用或不使用。

(2) 老师。一般用于学校中传授文化科学知识、技术的教师。目前，老师这一称谓在社会上也比较流行，有时人们出于对交际对象的学识、经验或某一方面的敬佩、尊重，常常以“姓+老师”来称呼对方。

(3) 先生。现代社会，先生泛指所有的成年男子。已婚妇女对自己的丈夫或称别人家的丈夫也可称为先生的；对外国男性来宾，我们也称先生。

(4) 师傅。在现代交际中，通常采用师傅这一称谓称呼工、商、戏剧行业中传授技艺的人。但是，在我国北方，“师傅”一词使用比较频繁，人们对不认识的人都称呼师傅。

(5) 女士。面对女性，在不知对方是否已婚的情况下，多称其为女士，以避免不必要的尴尬。

c 称呼的技巧

(1) 初次与人见面或谈业务时，要称呼姓+职务，要一字一字地说得特别清楚。

(2) 在交谈过程中，称呼对方时，要加重语气，称呼完了停顿一会儿，然后再谈要说的事，这样能引起对方的注意，他会认真地听下去。

(3) 与对方十分熟悉之后，千万不要因此而忽略了对对方的称呼，一定要坚持称呼对方的姓+职务（职称），尤其是有其他人在场的情况下。

B 介绍

a 单个介绍

为他人做介绍时必须遵守“尊者优先了解情况”的规则，在为他人做介绍前，先要确定双方职务的高低，然后先介绍职务低者，后介绍职务高者。

具体介绍时，可以：

（1）先将男士介绍给女士；

（2）先将年轻者介绍给年长者；

（3）先将未婚女子介绍给已婚女子；

（4）先将职位低的介绍给地位高的；

（5）先将家庭成员介绍给对方。

b　集体介绍

（1）在被介绍者双方地位、身份大致相似或者难以确定时，先介绍人数较少的一方或个人，后介绍人数较多的一方或多数人。

（2）若被介绍者职位、身份之间存在明显差异，特别是当这些差异表现为年龄、性别、婚否、师生以及职务有别时，则职位、身份为尊的一方即使人数较少，甚至仅为一人，仍然应被置于尊贵的位置，最后加以介绍，而先介绍另一方人员。

（3）若需要介绍的一方人数不止一人，可采取笼统的方法进行介绍，例如可以说：“这是我的家人”，“他们都是我的同事”，等等。但最好还是要一一进行介绍。进行此种介绍时，可按职位高低次序进行介绍。

（4）若被介绍双方皆不止一人，则可依照礼规，先介绍职务低的一方，后介绍职务高的一方。在介绍各方人员时，均需由职务低到职务高，依次进行。

C　握手

a　握手的次序

（1）男女之间握手。男女之间握手，男士要等女士先伸出手后才握手。如果女士不伸手或无握手之意，男士向对方点头致意或微微鞠躬致意。男女初次见面，女方可以不和男士握手，点头致意即可。男女握手时，男士要脱帽和脱右手手套，如果偶遇匆匆忙忙来不及脱，要道歉。

（2）宾客之间握手。宾客之间握手，主人有向客人先伸出手的义务。在宴会、宾馆或机场接待宾客，当客人抵达时，不论对方是男士还是女士，女主人都应该主动先伸出手。男士因是主人，尽管对方是女宾，也可先伸出手，以表示对客人的热情欢迎。而在客人告辞时，则应由客人首先伸出手来与主人相握，在此表示的是“再见”之意。

（3）长幼之间握手。长幼之间握手，年幼的一般要等年长的先伸手。和长辈及年长的人握手，不论男女，都要起立趋前握手，并要脱下手套，以示尊敬。

（4）上下级之间握手。上下级之间握手，下级要等上级先伸出手。但涉及主宾关系时，可不考虑上下级关系，做主人的应先伸手。

（5）一个人与多人握手。若是一个人需要与多人握手，则握手时亦应讲究先后次序，由尊而卑，即先年长者后年幼者，先长辈而晚辈，先老师后学生，先女士后男士，先已婚者后未婚者，先上级后下级，先职位、身份高者后职位、身份低者。

b　握手的方式

（1）神态。与人握手时神态应专注，热情、友好、自然。在通常情况下，与人握手时，应面含微笑，目视对方双眼，并且口道问候。在握手时切勿显得自己三心二意，敷衍了事，漫不经心，傲慢冷淡。如果在此时迟迟不握他人早已伸出的手，或是一边握手，一边东张西望，目中无人，甚至忙于跟其他人打招呼，都是极不应该的。

（2）力度。握手时用力应适度，不轻不重，恰到好处。如果手指轻轻一碰，刚刚触及就离开，或是懒懒地、慢慢地相握，缺少应有的力度，会给人勉强应付、不得已而为之之感。一般来说，手握得紧是表示热情，男人之间可以握得较紧，甚至另一只手也加上，包括对方的手大幅度上下摆动，或者在手相握时，左手又握住对方胳膊肘、小臂甚至肩膀，以表示热烈。但是注意既不能握得太使劲，使人感到疼痛，也不能显得过于柔弱，不像个男子汉。对女性或陌生人，轻握是很不礼貌的，尤其是男性与女性握手应热情、大方、用力适度。

（3）时间。通常是握紧后打过招呼即松开。但如亲密朋友意外相遇、敬慕已久而初次见面、至爱亲朋依依惜别、衷心感谢难以表达等场合，握手时间可以长一点，甚至紧握不放，话语不休。在公共场合，如列队迎接外宾，握手的时间一般较短。握手的时间应根据与对方的亲密程度而定。

c　握手的禁忌

（1）不要用左手与他人握手，尤其是在与阿拉伯人、印度人打交道时要牢记此点，因为在他们看来左手是不洁的。

（2）不要在握手时争先恐后，而应当遵守秩序，依次而行。特别要记住，与基督教信徒交往时，要避免两人握手时与另外两人相握的手形成交叉状，这种形状类似十字架，在基督教信徒眼中是很不吉利的。不要戴着手套握手，在社交场合女士的晚礼服手套除外。

（3）不要在握手时戴着墨镜，只有患有眼疾或眼部有缺陷者才能例外。

（4）不要在握手时将另外一只手插在衣袋里。

（5）不要在握手时另外一只手依旧拿着香烟报刊、公文包、行李等东西而不肯放下。

（6）不要在握手时面无表情，不置一词，好似根本无视对方的存在，而纯粹是为了应付。

（7）不要在握手时长篇大论，点头哈腰，滥用热情，显得过分客套，让对方不自在、不舒服。

（8）不要在握手时把对方的手拉过来、推过去，或者上下左右抖个没完。

（9）不要在与人握手之后，立即揩拭自己的手掌，好像与对方握一下手就会使自己受到感染似的。

D　办公室礼仪细节

（1）会见客户，或在长辈、上级面前，不得把手交叉抱在胸前。

（2）递交文件等，要把正面、文字对着对方的方向递上去；如是钢笔，要把笔尖向自己，使对方容易接着；如果是刀子或剪刀等利器，应把刀尖向着自己。

（3）在通道、走廊走路时要放轻脚步，不能一边走一边大声说话，更不得唱歌或吹口哨等。公司内与同事相遇应点头行礼表示致意。在通道、走廊里遇到上司或客户要礼让，不能抢行。对在一起工作的女同事要尊重，不能同她们拉拉扯扯、打打闹闹。在工作中要讲男女平等，一切按照社交中女士优先的原则去做未必会让女同事高兴。

（4）在办公室里对上司和同事们都要讲究礼貌，要使用“您好”、“早安”、“再会”等问候语。同事之间不能称兄道弟或乱叫外号，而应以姓名相称。对上司和前辈则可以用“先生”或其职务来称呼，最好不同他们在大庭广众之前开玩笑。

（5）行为要多加检点。尽量不要在办公室里吸烟，更不要当众化妆，应去专用的吸烟室或化妆间。若附近没有这类场所，可以借助洗手间。

（6）办公时间不要随意离开办公桌，不得看书报、吃零食、打瞌睡。不得长时间接打私人电话，不得坐在办公桌上办公或将腿整个翘上去。

（7）要避免口衔香烟四处游荡，不要与同事谈论薪水、职务升降或他人隐私。遇到麻烦事，要首先报告给顶头上司，切莫诿过或越级上告。在外国老板面前打同事们的小报告，常会被当做不务正业，弄不好会搞掉自己的饭碗。

（8）接待来访者要平等待人，回答来访者提出的问题要心平气和、面带笑容，绝不能粗声大气，或者以拳头砸桌子来加重语气。

（9）去别的办公室拜访同样要注意礼貌。一般需要事先联系，准时赴约，经过许可，方可入内。进入别人办公室，要先轻轻敲门，听到应答再进。进入后，回手关门，不能大力、粗暴。进入房间后，如对方正在讲话，要稍等静候，不要中途插话，如有急事要打断说话，也要看准时机，而且要说：“对不起，打断你们的谈话。”在别人的办公室里，没有主人的提议，不能随便脱下外套，也不要随意解扣子、卷袖子、松腰带。未经同意，不要将衣服、公文包放到桌子和椅子上。公文包很重的话，可以放到腿上或身边的地上。不要乱动别人的东西。在别人的办公室停留的时间不宜太久，初次造访以 20 分钟左右为准。

（10）办公室的桌椅及其他办公设施，都需要保持干净、整洁、井井有条。

桌面上只摆放目前正在进行的工作文件，因为用餐或去洗手间暂时离开座位时，应将文件覆盖起来。下班后的桌面上只能摆放计算机，文件或是资料应该收放在抽屉或文件柜中。

E 递接名片

a 递送名片

(1) 两个人交换名片顺序：男士主动递给女士，主人主动递给客人，晚辈主动递给长辈，职务低的人主动递给职务高的人。

(2) 如果对方不止一人，可以按照职务由高到低的顺序递送名片。

(3) 如果对方人多又不知职位，可以采用由近到远的顺序递送名片，如果是在一个圆桌可以采用顺时针方向递送名片。

(4) 向对方递送名片时，应面带微笑，稍欠身，注视对方，将名片正对着对方，用双手的拇指和食指分别持握名片上端的两角，或者用右手拿上角送给对方。递名片时也要说“多指教，多联系”等客套话。

(5) 递交名片的时间，应当根据具体情况而定。如果名片持有者与人事先有约，一般可在告辞时再递上名片。如果双方只是偶然相遇，则可在相互问候，得知对方有与你交往的意向时再递交名片。

b 接受名片的礼仪

(1) 要起身迎接，用双手接下，表示谢意，回应对方的客气话，并回敬对方名片。

(2) 如果没带或没有，可以声明一下，再说些如以后给您寄过去之类的客套话。

(3) 接过名片一定要看。首先是了解对方的确切身份。其次是表示重视对方。可以看一分钟左右，要记住对方姓名、头衔等主要信息；也可以在接过名片的时候，默念或者读出声来，特别是对方有很重要的头衔时可以赞赏一番。

(4) 名片要现场收藏，可以放在名片包、上衣口袋、办公桌抽屉里。不要放在办公桌上，不要扔掉，或者给其他人。

F 工厂、企业工作礼节

(1) 规章制度的执行。到工厂、企业上班，要认真学习并严格遵守工厂、企业的规章制度。如果工厂、企业有部分规定没有以书面形式表现出来，而是以日常习惯为基础的，这些习惯也是为了推进工厂、企业的发展而形成的不成文规定，新进人员请平时多学习前辈的一些良好做法并自觉地去执行。

(2) 问候的礼节。问候是人与人交流的第一步。上班时，可以很有精神地和大家说一句：“早上好!”下班时，不能默不出声地走掉，可以和大家说一句：“我先走了”，将自己下班的事报告给大家；别人先走时，要说一句：“你辛苦了”。

(3) 遵守午休时间的礼节。在职人员不仅要遵守准时上班时间，而且也要严格遵守午休结束时间；午休时，有同事在休息时，没休息的人员应注意自己的言行，尽量保持轻拿轻放，轻声说话，不要打扰到其他同事；午休结束时，休息起来的同事应提醒没醒的同事，开始做好工作准备。

（4）报告的责任礼节。

1）口头报告：对直接下达命令的上司做报告。即使工作没有完成得很好或遇到困难正在处理中也要及时报告。

2）书面报告：在得到重要工作处理的结果时，需要作简短的书面报告，报告是一种回复，更是一种礼节。

## 知识巩固

（1）请说出礼仪的原则。

（2）在职场中如何使自己的仪容仪表符合规范？

（3）在职场中如何使自己的仪态符合规范？

（4）在职场中进行交际时，应注意哪些礼节？

## 课堂测试

### 测试一　礼仪训练

（1）训练目的。

掌握一定的礼仪。

（2）训练内容。

1）练习握手礼仪。

2）练习介绍礼仪。

3）练习正确的站姿、走姿、坐姿。

（3）训练要求。

按礼仪标准反复练习，准确掌握。

（4）训练过程。

可分组进行练习，相互检查练习结果。

### 测试二　礼仪判断

结合所学知识，判断下列案例存在哪些礼仪方面的问题。

**案例1**：酒会上，A公司的赵总看到了久闻大名的B集团的刘董事长，主动上前做自我介绍，并递给了对方一张名片。刘董事长接过名片，漫不经心地用眼睛瞄了一下，放在了桌子上，然后继续用餐。

**案例 2**：吴修的口头表达能力不错，人既朴实又勤快，在业务人员中学历又高，领导对他抱有很大期望。可是他做销售代表半年多了，业绩总是没有得到提升。到底问题出在哪儿？原来他是个不修边幅的人，喜欢留长指甲，指甲里经常藏着很多“东西”。脖子上的白衣领常常有一圈黑色的痕迹。他喜欢吃大葱、大蒜之类的刺激性的食物。

**课后练习**

（1）观察周围环境中，人们的着装情况，找出不符合着装礼仪的现象，完成一份调查报告。

（2）练习符合职业礼仪的服装穿搭与化妆。

## 5.5 职场团队协作能力

**【案例 5-5】**

### 一次别开生面的招聘会

一家公司招聘白领职员，吸引了不少人前去应聘。应聘者中有本科生，也有研究生，他们头脑聪明、博学多才，是同龄人中的佼佼者。聪明的董事长知道，这些学生有渊博的知识做后盾，书本上的知识很难难倒他们，于是，公司人事部就策划了一个别开生面的招聘会。

招聘开始了，董事长让前六名应聘者一起进来，然后给他们发了 15 元钱，让他们去街上吃饭。并且要求，必须保证每个人都要吃到饭，不能有一个人挨饿。

六个人从公司里出来，来到大街拐角处的一家餐厅。他们上前询问就餐情况，服务员告诉他们，虽然这儿米饭、面条的价格不高，但是每份最低也得 3 元。他们一合计，照这样的价格，六个人一共需要 18 元，可是现在手里只有 15 元，无法保证每人一份。于是，他们垂头丧气地出了餐厅。

回到公司，董事长问明情况后摇了摇头，说：“真的对不起，你们虽然都很有学问，但是都不适合在这个公司工作。”

其中一人不服气地问道：“15 元钱怎么能保证六个人全都吃上饭？”

董事长笑了笑说：“我已经去过那家餐厅了，如果五个或五个以上的人去吃饭，餐厅就会免费加送一份。你们是六个人，如果一起去吃的话，可以得到一份免费的午餐，可是你们每个人只想到自己，从没有想到凝聚起来，成为一个团队。这只能说明一个问题，你们都是以自我为中心、没有一点团队合作精神的人。缺少团队合作精神的公司，又有什么发展前途呢?”

听闻此话，六名大学生顿时哑口无言。

**思考分析：**

（1）这六名学生为什么没能获得工作?

（2）如果你是其中一位，你会怎么做?

## 知识链接

### 5.5.1 认识团队

#### 5.5.1.1 团队的概念

1994年，组织行为学权威教授斯蒂芬·罗宾斯首次提出了“团队”的概念：为了实现某一目标而由相互协作的个体所组成的正式群体。团队，又称工作团队，是由一些具有共同信念的人为达到共同目标而组织起来的，各成员通过沟通与交流，保持目标、手段和方法的高度一致，充分发挥各成员的主观能动性。

团队的构成要素总结为“5P”，分别为目标（purpose）、人（people）、定位（place）、权限（power）、计划（plan）。

（1）目标。团队应有一个既定的目标，为团队成员导航，知道要向何处去。目标是一个团队最大的存在价值。

（2）人。人是构成团队最核心的力量，3人及以上就可以构成团队。目标是通过人员具体活动实现的，所以人员的选择是团队组建中非常重要的一个部分。在一个团队中，需要不同的人来出主意、制订计划、实施，协调团队成员分工、监督团队工作的进展以及评价团队最终的贡献。不同的人通过分工来共同完成团队的目标。

（3）定位。团队的定位包含两层意思：

1）团队自身的定位。如：团队在建设发展过程中的位置、团队成员的选择和决定、团队激励方式等。

2）个体的定位。如：个体在团队中扮演的角色，制订计划还是具体实施。

（4）权限。团队中领导人的权利大小跟团队的发展阶段相关。一般来说，在团队发展的初期阶段领导权相对比较集中，团队越成熟领导者所拥有的权利相应越小。团队权限关系分为两个方面：

1）整个团队在组织中拥有的决定权。例如财务决定权、人事决定权和信息决定权等。

2）组织的基本特征。例如组织的规模，团队的数量，组织对于团队的授权以及业务类型等。

（5）计划。计划包含两个层面的含义：

1）目标最终的实现，需要一系列具体的行动计划，这里可以把计划理解成实现目标的具体工作程序。

2）按计划进行可以保证团队目标的顺利实现。只要按照计划按部就班地操作，团队就会一步一步地贴近目标，从而最终实现目标。

#### 5.5.1.2 团队的特点

（1）团队具有明确的目标。每个团队成员对团队所要达成的目标和目标的意义有明确的认识。

（2）成员具有相关的技能。团队成员具备实现目标所需要的基本技能，并能够进行良好合作。

（3）成员间相互信任。团队内部每个成员之间有强烈的信任感，相信每位成员的能力和品行。

（4）成员之间沟通顺畅，信息交流充分。团队成员间要拥有畅通的交流渠道，彼此沟通，互换信息。

（5）成员具有谈判的技能。在高效的团队中，成员间不断发生思想碰撞，交涉沟通时常发生，这要求团队成员具有充分的谈判技能。

（6）团队具有公认的领导。高效团队的领导往往起的是教练或后盾的作用，对团队提供指导和支持，而不是试图去控制下属。

（7）团队具备内部与外部的支持条件。团队既包括内部合理的基础结构，也包括外部给予必要的资源条件。

### 5.5.2 团队协作注意要点

#### 5.5.2.1 融入团队

职场环境和校园环境差别很大，作为将要踏入社会的年轻人，必须尽快调整个人心态，努力工作，从多个方面适应新的工作环境，通过工作交流建立团队成员间的关系网，将个人融入至工作团队中，以便在未来工作中如鱼得水。

##### A 融合团队的方法

“融”于团体是绝对需要的，“合”对于团队工作来说也同等重要，合是指与同事的合作与合群方面的技巧，是实际上的行为或做法。要做到“融合”到团队中去，可以尝试从以下几方面着手：

（1）要树立全局意识。做事情都要从团队大局出发，有利于团队发展的事要主动、认真地去完成它，力求做好，做快。要深刻领会“一荣俱荣，一损俱损”的含义，想办法把事情做好，切不可错失良机。

(2) 要树立“我为人人，人人为我”的思想，群策群力方能圆满完成任务。一个好的企业、好的部门、好的团队，往往是通过自我调节，把问题降到最低点。我们千万不要对一些职责不够明确的问题采取“踢皮球”的方式，正确的处理方法应该是积极面对，共同解决，而不是消极对待，互相推诿。

(3) 要树立主动服务的思想。团队不同于团体，团队的作用在于相互补充。在日常工作中，许多事情不尽是十全十美的，一些容易被人们疏忽或者遗漏的地方又往往是很关键的。这就要求我们发扬团队精神，主动为其他部门提供优质服务，尽心尽力帮助他人解决难题，使我们团队各方面的工作都能做到领先一步、胜人一筹。

(4) 对同事的工作表示兴趣。在工作中，“自扫门前雪”的现象普遍存在：对同事的工作、问题、挫折等，毫不关心；下班铃声一响，立刻冲出办公室；日常工作中缺少同事之间的交流和沟通等等。其实，下列话题会增进团队间、同事间的交流：

你的工作进行得还顺利么？

你在工作上好像很顺利，有哪些好的经验可以让我们分享一下？

工作上有没有头疼的问题？是否需要帮助？

虽然这只是偶尔的关心，但你得到的回馈可能是相当可观的。在工作中，很多人都喜欢推、拖、拉，唯恐做得太多而吃亏。但身处团队中，要清楚认识到，高效的团队要始终保持一个信念：付出终有回报。

(5) 做一个好的听众。我们身边有人随时都在高谈阔论、滔滔不绝，但当别人提出话题时，转头就走，一句也不多听，这样的人很难“融合”到团队中去。工作中仔细听，代表我们专心、认真、细心、想把事做好；工作以外多听，能吸收到很多不同的资讯。阻碍团队工作正常进行的一个障碍就是只选择我们爱听的、想听的，而排斥或忽略了他人的宝贵经验。团队其他成员表达意见或提出建议时，我们应该专心而诚恳地倾听，必要时可以点头示意，做个好听众是对他人的一种尊重，也是自己能力提升的途径。

(6) 要承认别人的价值成就要摒弃以下想法：

他有什么了不起的？(是否自己更了不起呢？)

那种小事，谁都可以做。(那你为什么不做呢？)

他是他，我又不是他。(难道他的优点你不以为然吗？)

这些想法会妨碍自己进步，更会制造成员间的隔阂，不利于团队的整体发展。

团队并不是几个或者是许多人简单聚集在一起，而是一个有组织、有管理、有共同目标的集合体。如果团队中的人只注意到个人，而忽视了团队的存在，很可能会把团队变成一锅粥。因此，一个团队的成员要很好地融合到团队中，就要保证所做的工作和行为始终要与团队的要求相符合，努力发挥自己对团队有用的一面，用好自身的特长和能力，不做有损团队利益的事情。

B 如何在团队中顺利成长

在团队中，个人色彩过于浓厚，或个人过度放任，容易使别人有“格格不入”的感觉，认为你另类，难以接近。因此，顺利融入团队，快速成长的第一法则是“融”字。要与团队的成员融为一体，融洽相处，和乐融融，更具体地说，是要成为团队中的一分子，也视他人为团队中的重要成员。在团队中顺利成长，可从以下几个方面进行：

（1）团队合作解决问题，是团队成员融为一体的最高境界。合作解决问题可以收获单枪匹马所达不到的效果，团队协作讲究团队成员群策群力解决问题的能力和叠加的最终效果。“融百家之长，补己之短”，个人的能力终究有限，因此切勿自以为是，应多与团队成员交流沟通，共同拿出完美方案。

（2）享受团队带来的安全感。对于整个职业生涯来说，初入职场属于初期探索阶段，在探索中学习经验、知识与技能。当感到资源不足时，团队能提供学习机会、发展空间。团队给予的安全感可以极大提升工作效率，拓宽发展之路。

（3）感受团体中得到的归属感、自我实现等心理需求。当你融入团队后，在工作场所会形成一个小型的社交、联谊圈，你可以从中获得归属感，感受团队带来的亲和力。当你受到挫折时，会有人安慰你甚至为你打抱不平；当你得到奖赏时，会有人恭贺你、祝福你；当你工作上遇到困难时，会有人帮你出谋划策，解决难题，这些都会给你带来心理上的满足。

5.5.2.2 信任团队

信任是指对个人的诚实、长处、能力和担保等有意愿的信赖。信任是与人合作的基本要求之一，能有助于改善或解决双方的权利冲突。团队协作成败的关键就在于信任。建立团队成员间的信任，可以从以下几方面着手：

（1）做可靠的人。重视诺言，言出必行。说到做到，是建立信任的根基，哪怕是一件小事，也要按照应允去做。如果允诺了却没做或者没做到，就可能成为摧毁团队间信任的蚁穴。如果你的承诺真的无法实现，就要把原因郑重其事地当面和对方解释清楚，不能用另一个承诺去弥补一次失信。

（2）做诚实的人。实话实说，真诚分享。在团队中拒绝“善意的谎言”，在团队进行合作时，要坦诚遇到的问题，要坦率地解决遇到的问题，哪怕实际情况不那么如意。同样，当与团队成员意见相左时，要敢于说出自己的想法，不要在团队讨论问题的时候保留自己的观点和想法，之后又批评说“我认为这主意从头就是错的”，这会极大伤害彼此的信任感。

（3）做分享的人。敞开心扉，互换信息。简单地讲，就是大方地把自己掌握的信息和别人分享。分享可以使自己获得新信息。要乐于对团队成员提供信息，证明在合作中你毫无保留。同时不要忽略重要的细节，重要的细节会变成矛盾爆发时很难补齐的疏漏点。

（4）做一致的人。言行一致，客观公正。在团队协作中不能有双重标准，不要推卸责任，保持人前人后言行一致，人后的议论会对彼此的信任大打折扣。对待事情要保证客观和公道，要看到事实之后才可以下定论，不要让不实的言论影响团队关系。

5.5.2.3 激励团队

美国管理学家贝雷尔森（Berelson）和斯坦尼尔（Steiner）给激励做了如下的定义："一切内心要争取的条件、希望、愿望、动力都构成了对人的激励——它是人类活动的一种内心状态。"人的一切行动都是由某种动机引起的，动机是一种精神状态，他对人的行为具有激发、推动、加强的作用。团队激励可以让团队成员在工作中充分发挥自身的积极性，从而把个人的潜能发挥出来，极大提高团队协作的效率。有效的激励需要符合以下几个原则：

（1）目标结合原则。在激励机制中，设置目标是一个关键环节。目标设置必须同时体现组织目标和员工需要的要求。

（2）物质激励和精神激励相结合的原则。物质激励是基础，精神激励是根本。在两者结合的基础上，逐步过渡到以精神激励为主。

（3）引导性原则。外激励措施只有转化为被激励者的自觉意愿，才能取得激励效果。因此，引导性原则是激励过程的内在要求。

（4）合理性原则。激励的合理性原则包括两层含义：

1）激励的措施要适度。要根据所实现目标本身的价值大小确定适当的激励量。

2）奖惩要公平，在进行绩效评估时，应该客观公平、不偏不倚。在分配奖励时，应该注意分配的公平性。

（5）明确性原则。激励的明确性原则包括三层含义：

1）明确。需要明确激励的目的，明确在激励的过程中需要做什么以及怎么做；

2）公开。特别是分配奖金等成员关注的问题时，一定要公开。

3）直观。实施物质奖励和精神奖励时都需要直观地表达奖励惩罚的方式和指标。直观性与激励影响的心理效应成正比。

（6）时效性原则。要把握激励的时机，"雪中送炭"和"雨后送伞"的效果是不一样的。激励越及时，越有利于将人们的激情推向高潮，使其创造力连续有效地发挥出来。

（7）按需激励原则。激励的起点是满足团队成员的需要，但需要因人而异，因时而异。只有满足最迫切需要的措施，其效用价值才高，激励强度才大。因此，领导者必须深入地进行调查研究，不断了解员工的需要层次和需要结构的变化趋势，有针对性地采取激励措施，才能收到实效。

### 5.5.3 正确对待团队冲突，构建和谐团队

#### 5.5.3.1 正确对待团队冲突

团队成员在相处磨合中产生意见分歧，出现争论、对抗，导致彼此之间关系紧张的状态称为“冲突”。在传统的观点里，冲突破坏了团队的和谐与稳定，造成矛盾和误会，是造成不安、紧张、不和、动荡、混乱乃至分裂瓦解的重要原因。但应该注意到，冲突也有建设性的作用，冲突的好坏取决于冲突是建设性的，还是破坏性的。

适量的冲突，可以提高团队成员的竞争力意识和兴奋度，激发团队成员的工作热情，提高团队的凝聚力和工作效率；可以发泄长久积压的情绪，有利于成员的身心健康。建设性的冲突可以增进成员之间的相互理解，共同经历过风雨后方能建立起真正的友谊。相反，如果团队中冲突过于激烈，不仅会使人力、物力分散，降低团队的凝聚力，还会造成人们的心理紧张，从而产生敌意，相互拆台以至于降低了工作效率；冲突严重时甚至会影响团队的正常运作和寿命。所以，作为团队领导者，必须依据冲突对团队绩效的影响，来衡量冲突建设性的还是破坏性的，要努力引导和鼓励适当的、有建设性的良性冲突，善于将有害性冲突转化为建设性冲突。

#### 5.5.3.2 构建和谐团队

（1）建立团队内部的信任。员工之间相互信任是团队有效的显著特征。团队文化和团队领导的行为对形成相互信任的团队内氛围有很大影响。崇尚开放、诚实、协作的办事原则，同时鼓励员工积极参与相互配合的团队比较容易形成信任的环境。

（2）激发员工团队协作精神。团队协作是一种为达到既定目标所显现出来的自愿合作和协同努力的行为。它可以调动员工的资源和才智，自动地驱除所有不和谐和不公正现象，给予那些诚心工作、大公无私的奉献者适当的回报。出于自觉自愿的团队协作，可以产生一股强大而且持久的力量。

（3）建立互补型团队。人具有社会性，很多时候需要别人帮助，因此，团队对于人们来说至关重要。世界上没有完美的人，也没有完美的团队，每个团队都有它自己的强项和弱项。只有合理搭配团队成员，将每个人的潜力都挖掘出来，团队才能取得成功。

（4）学会倾听。倾听是团队沟通的艺术。在团队沟通中，言谈是最直接、最重要和最常见的一种途径，有效的言谈沟通很大程度上取决于倾听。作为团

体，员工的倾听能力是保持团队有效沟通和旺盛生命力的必要条件；作为个体，要想在团队中获得成功，倾听是基本要求。掌握倾听的艺术并非很难，从小事做起，克服心中的障碍，就能取得成功。

## 知识巩固

（1）团队的构成要素包括什么？

（2）团队具备哪些特点？

（3）融入团队的方法是什么？

（4）建立团队信任的方法是什么？

（5）如何构建和谐团队？

## 课堂测试

### 测试一　名字接龙

（1）活动性质。

认知能力训练。

（2）活动目的。

通过该项目使团队成员和团队领导者、成员与成员之间迅速熟悉起来，记住彼此的名字。

该项目在团队建设后，团队成员之间彼此还不太熟悉时采用，可有效地在活动中记住团队成员的名字，为以后的团队合作打下良好的基础，让大家在一个熟悉、愉快的氛围内完成各项任务。

（3）活动要求。

成员按顺序记住前面所有队友的名字，直到最后一位成员，即为任务成功，中间若出现差错，则任务失败。

（4）场地器材。

地点：教室或空闲场地；

器材：无要求。

（5）人员要求。

每组人数在6~10人为宜。

（6）活动布置。

1）请所有成员围坐一个圈。

2）请每位成员介绍自己的名字，如时间允许，可以请每个成员在介绍自己名字的基础上，补充介绍各自的爱好和特长。为保证整个活动的时间不会被拖延太长，要求成员做自我介绍时言简意赅，例如，总共使用三句话来介绍自己的姓名、爱好和特长。

3）从指导教师的左手或右手的第一位成员起，所有成员采用以下方式进行自我介绍：

第一位成员：我是×××。

第二位成员：我是×××（第一位成员的姓名）后面的×××。

第三位成员。我是×××（第一位成员的姓名）后面的×××（第二位成员的姓名）后面的×××……

依次下去，直到最后一位成员将前面所有成员的名字重复一遍为活动成功。

（7）活动分享。

1）你是采取什么方式记住你前面成员名字的？

2）别人能第一时间说出你的名字，你是什么样的感觉？

3）你认为第一位和最后一位，参与训练的难度有何差异？

4）如果让你作为活动队伍的最后一位，你有信心记住前面成员的名字吗？

## 测试二　衔纸杯传水

（1）活动性质。

合作认知能力训练。

（2）活动目的。

使成员学会彼此协作，增进彼此间团结互助精神。

（3）场地器材。

场地：教室、操场空地；

器材：纸杯若干、量杯若干。

（4）人员要求。

每组人数在5~8人为宜。

（5）活动要求。

团队成员用嘴传递装满水的纸杯，以传递水最多的一组为胜。

（6）活动设置。

1）按参与人数分组，使每组人数相等，每人衔一个空纸杯，排成一列。

2）要求每一组排在第一位的同学在老师的协助下把纸杯装满水，用嘴衔住倒进本组第二位同学的纸杯，依次传递，最后一人将水倒进量杯里。第一位同学又重新开始传递水，直到比赛结束。比赛整个过程不要用手碰纸杯。

3）限定时间10分钟。时间到，比赛结束，量杯中水最多的队为胜利者。

（7）活动分享。

1）你们队的成绩如何？原因是什么？

2）你认为在该活动中，取胜有什么技巧和关键？

3）谈谈该活动给你的启示是什么？

## 测试三　疯狂报数

（1）活动性质。

团队合作激励能力项目。

（2）活动目的。

通过激烈的竞争，探讨适度竞争对于团队的激励作用，培养成员不怕竞争、欢迎竞争的自信态度。

（3）活动要求。

分组于规定时间内报数，报数次数多的组为胜。

（4）场地器材。

地点：教室或空闲场地；

器材：积分表、计时秒表。

（5）人员要求。

人数不限。

（6）活动布置。

1）将成员分成人数相等的两组，确定组长一名。

2）要求组长在小组成员面前宣誓，回答问题："有没有信心带领团队取得胜利？""如果失败，有没有勇气面对成员的指责？""如果失败，愿不愿意承担所有的责任？"

3）活动开始，宣布规则：

①下达开始指令后，小组成员依次报数，越快越好，轮流进行，组长不参与报数。并安排一人计时。

②进行多次比赛，记录、比较小组每次用时。

③进行 8 轮比赛，按照比赛轮次休息时间调整：3 分钟 2 次，2 分钟 2 次，1.5 分钟 2 次，1 分钟 2 次。

④每轮比赛后均进行奖励和惩罚，输的一队由组长带领向对方表示心服口服，并鞠躬说："愿赌服输，恭喜你们赢了。"组长进行惩罚：男组长俯卧撑 20 个，女组长蹲起 20 个。赢的一队表示开心，接受祝贺。

（7）活动分享。

1）小组在比赛过程中有没有达成一致的意见？面对外部压力时，团队内部的矛盾是如何解决的？

2）在休息的间隙，组长有没有进行总结和策略部署？如果有，对接下来的比赛有没有影响？

3）当小组失败，组长承担责任时，团队成员有何感想？

## 测试四　团队合作测试

阅读以下选项，进行选择：

总是这样（5 分），经常这样（4 分），有时这样（3 分），很少这样（2 分），从不这样（1 分）。

当我是小组成员时，

（1）我提供事实和表达自己的观点、意见、感受和信息以帮助小组讨论。（提供信息和观点者）

（2）我从其他小组成员那里征求事实、信息、观点、意见和感受以帮助小组讨论。（寻求信息和观点者）

（3）我提出小组后面的工作计划，并提醒大家注意需完成的任务，以此把握小组的方向。我向不同的小组成员分配不同的责任。（方向和角色定义者）

（4）我集中小组成员所提出的相关观点或建议，并总结、复述小组所讨论的主要论点。（总结者）

（5）我带给小组活力，鼓励小组成员努力工作以完成我们的目标。（鼓舞者）

（6）我要求他人对小组的讨论内容进行总结，以确保他们理解小组决策，并了解小组正在讨论的材料。（理解情况检查者）

（7）我热情鼓励所有小组成员参与，愿意听取他们的观点，让他们知道我珍视他们对群体的贡献。（参与鼓励者）

（8）我利用良好的沟通技巧帮助小组成员交流，以保证每个小组成员明白他人的发言。（促进交流者）

（9）我会讲笑话，并会建议以有趣的方式工作，借以减轻小组中的紧张感，并增加大家一同工作的乐趣。（释放压力者）

（10）我观察小组的工作方式，利用我的观察去帮助大家讨论小组如何更好地工作。（进程观察者）

（11）我促成有分歧的小组成员进行公开讨论，以协调思想，增进小组凝聚力。当成员们似乎不能直接解决冲突时，我会进行调停。（人际问题解决者）

（12）我向其他成员表达支持、接受和喜爱，当其他成员在小组中表现出建设性行为时，我给予适当的赞扬。（支持者与表扬者）

以上 1~6 题为一组，7~12 题为一组，前一组与后 组得分分析如下。

（0~6，0~6）只为完成工作付出了最小的努力，总体上与其他小组成员十分疏远，在小组中不活跃，对其他人几乎没有任何影响。

（0~6，7~30）你十分强调与小组保持良好关系，为其他成员着想，帮助创造舒适、友好的工作气氛，但很少关注如何完成任务。

（7~30，0~6）你着重于完成工作，却忽略了维护关系。

（7~18，7~18）你努力协调团队的任务与维护要求，终于达到了平衡。你应继续努力，创造性地结合任务与维护行为，以促成最优生产力。

（19~30，19~30）祝贺你，你是一位优秀的团队合作者，并有能力领导一个小组。当然，一个团队的顺利运行除了以上两种行为以外，还需要许多别的技巧，但这两种最基本，且较易掌握。如果你得分比较低，也不要气馁，只要参照上面做法，就会有所提高。

## 测试五　阅读理解分析

黑熊和棕熊喜食蜂蜜，都以养蜂为生。它们各有一个蜂箱，养着同样多的蜜蜂。有一天它们决定比赛看谁的蜜蜂产的蜜多。

黑熊想，蜜的产量取决于蜜蜂每天对花的“访问量”。于是它买来了一套昂贵的测量蜜蜂访问量的绩效管理系统。同时，黑熊还设立了奖项，奖励访问量最高的蜜蜂。但它从不告诉蜜蜂们它是在与棕熊比赛，它只是让它的蜜蜂比赛访问量。

棕熊与黑熊想得不一样。它认为蜜蜂能产多少蜜，关键在于它们每天采回多少花蜜——花蜜越多，酿的蜂蜜也越多。于是它直截了当告诉众蜜蜂：它在和黑熊比赛看谁产的蜜多。它花了不多的钱买了一套绩效管理系统，也设立了一套奖励制度，重奖当月采花蜜最多的蜜蜂。如果一个月的蜜蜂总产量高于上个月，那么所有蜜蜂都受到不同程度的奖励。

一年过去了，两只熊比赛的结果是：黑熊的蜂蜜不及棕熊的一半。

**阅读后请思考：**

（1）你认为黑熊的绩效管理系统存在什么问题，使蜂蜜的产量远低于棕熊？

（2）这个故事对你有怎样的启示？

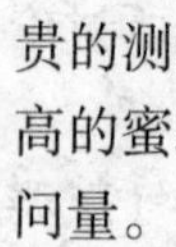

## 课后练习

（1）目前你的团队要建立一个校园书吧，你认为最后要达成的目标是什么？为了达成目标要制定怎样的计划？

（2）你认为融入一个团队最需要的素质是什么？在学习生活中如何培养这些素质？

# 5.6 职场创新创业能力

【案例 5-6】

## 中职生的创新

在 2016 年“挑战杯——彩虹人生”全国职业学校创新创效创业大赛决赛中，由天津市劳动保护学校报送的“灾难逃生门把手”在众多参赛作品中脱颖而出，荣获 2016 年“挑战杯——彩虹人生”全国职业学校创新创效创业大赛决赛特等奖。

年仅 19 岁的杨旭是该作品团队的一名成员，他说逃生门把手的设计灵感来源于一段四川地震灾区同学的演讲，山河破碎、楼宇坍塌，面临灾难人们找不到出口时的慌乱，以及因难以逃离而导致伤亡惨重的后果，这些都让他深受触动。他和他的团队曾经做过一个调查：当灾难来临时，人的第一个反应是什么？有 85%的人选择夺门而出，事实上在危机的情况下，夺门而出要面临着看不清路、找不到方向、跑不出去等问题。于是他们根据这些调查情况，设计了灾难逃生门把手，希望它能给遭遇灾难的人带来帮助，提高人们在灾难中生存的几率。作为灾难救援逃生产品，他们在设计的过程中为产品赋予了人文关怀，给门把手添加了四项特殊的功能：一是可以快速取下的手电筒；二是能在陌生区域投影紧急出口路线的投影功能，适合酒店等陌生场所使用；三是具有烟感、煤气感、震感报警功能；四是 GPS 定位功能，灾难发生后能帮助完成搜救工作。他们希望通过设计这款灾难逃生门把手能够帮人们在遇到灾难时能够安全、快速的逃离，能够在灾难发生后准确、迅速的完成搜救工作，减少灾难带来的伤害。

**思考分析：**

（1）请分析“灾难逃生门把手”获得特等奖的原因。

（2）通过案例 5-6，你觉得要想成培养自己的创新能力，应该从哪些方面着手训练提高呢？

知识链接

### 5.6.1 创新的含义

创新，起源于拉丁语，它含有三层意思：第一，更新；第二，创造新的东西；第三，改变。创新是人类特有的认识能力和实践能力，是人类主观能动性的高级表现形式，是推动民族进步和社会发展的不懈动力。

### 5.6.2 创新能力的训练

美国哈佛大学第24任校长普西曾指出，一个人是否具有创新能力，是“一流人才和三流人才之间的分水岭”。要提升创新能力，可以从以下四个方面进行。

#### 5.6.2.1 激发创新意识

创新意识是推崇创新、追求创新、以创新为荣的观念和意识。创造意识的培养，实际上是关于创造、创新中的非智力因素的培养。培养和激发创新意识可以从以下几方面着手：

（1）培养问题意识、怀疑意识。创新首先意味着对旧观念、旧事物的扬弃，是要抛开旧的，创造新的。因此，我们遇事都要问个为什么，不放过任何疑点，养成爱琢磨、爱钻研、勤学好问的习惯。苹果落地，谁也不在意，牛顿却从中发现了万有引力；水开了锅盖被顶起，大家司空见惯，瓦特却因此发明了蒸汽机。处处留心皆学问，凡事问个为什么，就能有所发现，有所创造。

（2）培养捕捉机遇、灵感的意识。机遇和灵感在创新活动中具有重要作用，善于捕捉机遇和灵感，是一个人创新能力的重要体现。要有善于捕捉机遇和灵感的意识，要对新想法、新发现进行认真研究，及时追踪记录，认真观察反复思考，从中受到启迪，有所创新。

（3）培养创新兴趣、发挥创新潜能。对创新的强烈兴趣，是进行创新活动最重要的心理条件之一。对一项创新活动只要有了兴趣，就能钻进去，不知疲倦、不畏艰险去闯。我们要善于发现自己的兴趣、培养广泛的兴趣爱好，沿着“培养兴趣—创新入迷—获得成功”的三部曲走向成功。

下边介绍一些激发创新意识的具体的方法，大家不妨试一下：

（1）看书时，采用跳读方式，跳过的地方，运用想象力想象它的内容。

（2）看见某杂志周刊的广告，或是看了某本书的题目，便想象其中的内容，然后，与实际的内容做一比较检查，如此一来，就可以充分地把握自己的想象力。

（3）看过电视转播的运动比赛以后，想象第二天新闻报道的标题内容。

（4）以琐碎的小事和资料为基础，创造出一个故事。

（5）边看推理小说，边推测故事情节。

（6）多了解一些发明家发明创造的过程，从中学习如何灵活地运用知识以进行创新。

#### 5.6.2.2 拓展创新思维

创新思维是创新能力的核心和基础，它是人们在创新活动过程中所具备的思维方式。它是相对于以固定、惰性的思路为特征的常规性思维而提出的，是一种高度灵活、新颖独特的思维方式。

常见的创新思维有以下几种：

（1）逆向思维。逆向思维就是指突破常规思考问题的固定思维模式，采用与一般习惯相反的方向进行思考、分析的思维方式。通俗地讲，就是倒过来想问题。

例如，司马光砸缸就是运用了逆向思维，常规的思维模式是把人从水里救出来，让人离水，而司马光在面对小伙伴落水的紧急情况下，运用了逆向思维，果断地用石头把缸砸破，“让水离人”，救了小伙伴性命。

思考：某时装店的经理不小心将一条高档裙烧了一个洞，其价格一落千丈。如果用织补法补救，也只是蒙混过关，欺骗顾客。如果是你，你该怎么办？

（2）发散思维。以某一问题为中心，沿着不同方向、不同角度，向外扩散，寻求多个答案，即由一点到多点的思维形式就称为发散思维，如图 5-3 所示。发散思维又称扩散思维、多向思维、辐射思维。发散思维面对的是问题，而任何事物的问题都包含多种属性，根据事物的属性，发散思维可以从结构、材料、功能发散、方法、因果等角度进行发散。

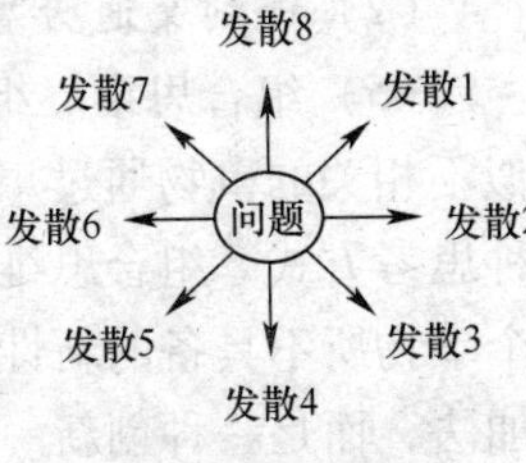

图 5-3　发散思维

下边这个例子就是运用的因果发散：课堂上老师让学生们就“如果世界上没有老鼠，结果会怎样”的问题进行发散思维，学生讨论热烈：

可以减少粮食损失；

动物将会减少一个物种；

光靠捕鼠生活的猫可能会饿死；

儿童不认识童话中的老鼠；

不需要捕鼠器和老鼠药；

……

同学们，你们还能继续发散思考出哪些结果呢？

（3）收敛思维。收敛思维（见图 5-4）也称为“聚合思维”、“求同思维”、“辐集思维”或“集中思维”，是指在解决问题的过程中，尽可能利用已有的知识和经验，把众多的信息和解题的可能性逐步引导到条理化的逻辑序列中去，最终得出一个合乎逻辑规范的结论。特点是使思维始终集中于同一方向，使思维条理化、简明化、逻辑化、规律化。



图 5-4　收敛思维

简单来说，发散思维是由“一到多”，收敛思维则是由“多到一”。

**思考：**（1）请说出家中既发光又发热的东西。找出它们的共同点。

（2）鸽子、蝴蝶、蜜蜂与苍蝇有什么相同之处？

（4）联想思维。联想思维是由一事物、概念、方法、形象想到另一事物、概念、方法和形象的心理活动。联想的本质是发现原本表面上看起来没有联系的事物或现象之间的联系。比如，由此及彼、由表及里。联想思维可以很快地从记忆里追索出需要的信息，构成一条链，通过事物的接近、对比、同化等条件，把许多事物联系起来思考，开阔了思路，加深对事物之间联系的认识，并由此形成创造构想和方案。

**思考：**（1）1分钟内尽可能多地说出形容“美”的词，如漂亮、好看、酷……

（2）遇到交通堵塞，车辆排起长龙，你会有什么联想？

（5）组合思维。组合思维又称“连接思维”或“合向思维”，是指把多项貌似不相关的事物通过想象加以连接，从而使之变成彼此不可分割的新的整体的一种思考方式。组合思维方式将两个看似不相干的事物进行组合，使“整体具有单个事物所不具备的新性质”，增加了新的功能。组合，并不是我们认为的简单的加法，而是一种创新。

生活中有很多实例是运用到组合思维的，比如：铅笔+橡皮→橡皮铅笔；牙膏+中草药→药物牙膏；电话+电视→可视电话；台秤+电子计算机→电子秤。

**思考：**下面是任意选出的20种物体，你可组合出哪些有意义、有价值的东西？

计算机、咖啡机、百合花、太阳镜、门前的擦鞋棕垫、浴缸、手机、防晒液、卧室、电视、切片机、雕塑、吊床、呼机、窗户、真空吸尘器、汽车、票、苏打罐、驱虫剂

5.6.2.3 掌握创新方法

创新方法是指创新活动中带有普遍规律性的方法和技巧。它是通过研究一个个具体的创新过程，如创新的题目是怎样确定的、创新的设想是怎样提出的、设想又如何变成现实的等等，从而揭示创新的一般规律和方法。

到目前为止，创新的方法已经达到340种之多，但常用的方法大概只有十几种。如此多的方法，我们必须有选择地进行学习。因此，本章选择了用途最广泛、最实用的3种方法。

（1）分析列举法。分析列举法包含特性列举法、希望点列举法、缺点列举法和成对列举法，下面着重介绍缺点列举法。所谓缺点列举法，就是通过对已有的、熟悉的事物进行深入地分析，在对其缺点一一列举的基础上，找出相应的解决方案，从而完成创新的方法。

**思考：**列举雨伞的缺点，提出改进方法。

（2）设问检查法。设问检查法是通过多角度提出问题，从问题中寻找思路，进而作出选择，并深入开发创造性设想的一种创造技法。其中最主要的、最常用的设问检查法主要的有5W2H法、和田十二法等。

1）5W2H法。

Why——为什么是这样的颜色、形状，为什么使用这种材料。

What——任务是什么，条件是什么，方法是什么，重点是什么。

Who——谁会做，谁来做，谁不能做，谁会赞同，谁会反对。

When——何时开始，何时结束。

Where——何处可以做。

How——怎样去做，怎么样效果会好，怎样得到，怎样改进。

How much——需要多少人力、物力、财力，产量多少，有多少获利。

2）和田十二法。和田十二法也称为聪明十二法，是我国著名创造学家许立言、张福奎提出来的，其理论基础是奥斯本检表法，实践基础是我国的发明创造研究，尤其是上海和田路小学的创造教学探索。其具体内容是：

①加一加：加高、加厚、加多、组合等。

②减一减：减轻、减少、省略等。

③扩一扩：放大、扩大、提高功效等。

④变一变：变形状、颜色、气味、音响、次序等。

⑤改一改：改缺点、改不便、不足之处。

⑥缩一缩：压缩、缩小、微型化。

⑦联一联：原因和结果有何联系，把某些东西联系起来。

⑧学一学：模仿形状、结构、方法，学习先进。

⑨代一代：用别的材料代替，用别的方法代替。

⑩搬一搬：移作他用。

⑪反一反：能否颠倒一下。

⑫定一定：定个界限、标准，能提高工作效率。

如果按这十二个“一”的顺序进行核对和思考，就能从中得到启发，诱发人们的创造性设想。

**思考：**运用和田十二法对自己的鞋子进行改进，设计一双“四季鞋”。

（3）头脑风暴法。头脑风暴法是由创造学之父美国的奥斯本发明的。在我国，也译为“智力激励法”、“脑力激荡法”或“bs法”。该方法的核心是高度充分的自由联想。这种方法一般是举行一种特殊的小型会议，与会者可以毫无顾忌地提出各种想法，彼此激励，相互启发，引起联想和创意设想的连锁反应，产生众多的创意，其原理类似于“集思广益”。

根据人们多年的经验，实施“头脑风暴法”应注意如下一些问题：

1）会议要很有节奏，巧妙运用“行一停”的技巧：3 分钟提出设想，5 分钟进行思考，再 3 分钟提出设想，如此反复交替，形成良好高效的节奏。

2）按顺序“一个接一个”轮流发表构想。如轮到的人当时无新构想，可以跳到下一个。在如此循环下，新想法便一一出现。

3）会上不允许私下交谈，以免干扰别人的思维活动。

4）参加会议的人员应定期轮换，应有不同部门、不同领域的人参加，以便集思广益。

5）参加会议者应有男有女，以额外增强竞争意识和好胜心。

6）领导或权威在场，常常不利于与会者“自由”地提出设想。只有在充分民主气氛形成的局面下，才宜于领导或权威参加。

7）为使会议气氛轻松自然，自由愉快，可先进行一番热身活动，比如说笑话、吃东西、猜谜语、听音乐等。

8）主持人应按每条设想提出的顺序编出顺序号，以随时掌握提出设想的数量，并提出一些数量指标，鼓励多提新设想。

9）会后要及时归纳分类，再组织一次小组会评价和筛选，以形成最佳的创意。

## 5.6.3 创业能力

### 5.6.3.1 认识创业

创业，不仅意味着创造出更丰富的产品和服务，为我们自身和社会创造财富，还可以让创业者施展才能，实现自身价值和人生理想。那么，什么是创业？创业是创业者在不确定的环境中，通过发现、识别和捕捉创业机会并有效整合资源，获取商业利润，创造个人价值与社会价值的过程。

对于创业的概念，可以从以下 5 个方面进行理解：

（1）创业是一个复杂的创造过程，它创造出某种有价值的新事物。

（2）创业必须要贡献必要的时间和大量的精力，付出极大的努力。

（3）创业需要面对资源难题，要设法突破资源束缚。

（4）创业需要寻求有效机会。

（5）创业要承担必然的风险。

### 5.6.3.2 创业要素

人们研究创业活动的一个基本方法就是分析创业要素，即研究具备了哪些要素就可以进行创业活动。迄今为止，人们对创业要素的认识和分析中，最为典型和公认的创业要素模型为蒂蒙斯模型。该模型提炼出了创业的三大关键要素，即创业机会、创业者及其创业团队、创业资源，这三个核心要素是创业活动中不可或缺的。

蒂蒙斯认为：

（1）创业机会是创业过程的核心驱动力，如果没有机会，创业活动就成了盲动，难以创造真正的价值。

（2）创始人及其创业团队是创业过程的主导者和核心，如果没有创业者及其创业团队的主观努力，创业活动是不可能发生的。

（3）创业资源是创业成功的必要保证，创业者及其创业团队把握住合适的机会后，还需要有相应的资金和设备等资源，如果没有必要的资源，机会也就难以被开发和实现。

#### 5.6.3.3 创业者与创业团队

A 进行自我评估

创业的前提是充分认识自己，只有充分认识自己才能通过树立的目标选择适合自己的创业项目。要充分的认识自己，就要从以下几个方面进行自我评估：

（1）动机。思考“我为什么要创办企业?”“我未来企业发展的目标是什么?”“是否有足够的决心?”“最终想要从创业中获得什么?”“想要把企业做到何种程度?”只有了解了自己的各项动机后，才能坚定创业的决心，才能有针对性地选择合作伙伴。

（2）特质。认识到“我是个什么样的人，具有什么样的性格特征”，这是自我评估中最难的一项。

（3）知识。分析自己所掌握的知识经验等，能够认识到自己知道什么、熟悉什么、拥有哪些经验、缺乏哪些经验。找到自身与拟创企业所需之间的差距，积极寻找适当的方法来弥补。

（4）技能。一要了解自己目前已经掌握什么技术、技能，需要通过努力去掌握什么技术、技能；二要了解自己的能力状况，自己有哪些有用的经验，这些经验用在拟创企业中是否有效，自己喜欢什么、擅长做什么、不擅长做什么、哪些方面是弱项、哪些方面是强项。要客观、冷静地分析自己，深刻、清醒地认识自己。

（5）资源。明确自己拥有什么资源。创业的前提条件之一就是创业者拥有或者能够支配一定的资源。

B 职业院校毕业生的创业优势

（1）所学专业明确、具体，具有专业性和实践性。

（2）在校学习内容针对性强，具有一技之长。

（3）通过职业院校较多的实训实习活动，对企业运作、经营创造有一定了解。

（4）有务实的创业观念。

（5）在校期间参加多种形式的创业教育机会多。

C 创建创业团队

一个企业能否在市场经济的汪洋大海中乘风破浪、胜利前行，往往取决于他的创业团队。一个高效、有竞争力的团队能够最大限度地调动人的积极性、创造性和主观能动性，使企业的骨干力量形成一个团结合作、奋发向上的优秀团队，从而创造出更大的价值。下面我们就研究一下，作为创业者如何组建一支适合自己的创业团队。

（1）寻找合适的合作伙伴。这一般会遵循如下几个原则：相似性原则、互补性原则、同价值观原则。

（2）确立核心人物。“大海航行靠舵手”，组建创业团队最关键的人就是企业的领军人物。

（3）签订合伙协议，设置合理的股权结构。合伙协议是创业者在找到创业伙伴时必然要思考、讨论、制定、执行的公司的第一份契约，其中包括团队成员的股权分配制度以及“退出机制”。

#### 5.6.3.4 创业机会与创业计划书

##### A 抓住创业机会

（1）变化就是机会。随着环境的变化，各行各业也会发生多种多样的变化，这些变化中就藏着许多的创业机会等着我们去发现。

（2）从“低科技”中把握创业机会。随着科学技术的不断发展，开发“低科技”领域便成为比较热门的创业选择。

（3）针对不同人群的创业机会。把顾客分类，如教师、司机、大学生等，研究各类人群的需求特点，也是一个发现创业机会的好办法。

（4）从“负面”寻找创业机会。多去留意那些令大家感觉苦恼、困惑、不舒服的事。为迫切想要改变这些苦恼的人提供帮助，从而找到创业机会。

##### B 创业计划书

创业计划书是商业模式的书面体现，是未来创业行动的指南，一份好的创业计划书，能为获得贷款和投资、融资等带来方便。

创业计划书的编写可以分为以下几步：经验学习、创业构思、市场调研、方案起草、修饰、检查。

一份完整的创业计划书应包括以下内容：封面、目录、计划摘要、正文、附录。其中，正文内容包括产品（服务）的介绍、生产经营计划、创业人员、财务分析、风险与风险管理等内容，如图 5-5 所示。

#### 5.6.3.5 筹集创业资本

能否快速、高效地募集资金，是创业企业能否站稳脚跟的关键。创业融资包括以下几种：

（1）私人资本融资：自我融资、亲朋好友融资、天使投资；

（2）机构融资：商业银行贷款、担保机构融资；

（3）政府的创业扶持基金；

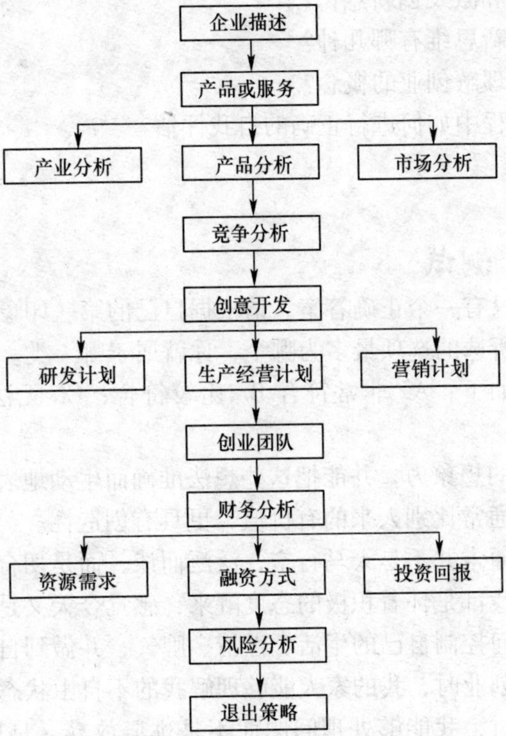

图 5-5 创业计划书的内容

(4) 风险投资;

(5) 创业板上市融资。

### 5.6.3.6 企业办理注册登记手续步骤

企业办理注册登记手续一般包括以下几个步骤:

(1) 企业名称预先核准登记;

(2) 申请验资出具验资报告;

(3) 登记营业执照;

(4) 刻制印章;

(5) 领取组织机构代码证;

(6) 办理税务登记;

(7) 开立企业银行账户。

## 知识巩固

(1) 创新的含义是什么?

（2）如何培养和激发创新意识？

（3）常见的创新思维有哪几种？

（4）如何正确理解创业的概念？

（5）在创业过程中如何进行正确的自我评估？

## 课堂测试

以下每个题目只有一个正确答案，请根据自己的第一印象，选择符合自己实际状况的答案。你所选的选项最多为哪个，你就属于哪一类。

答案选择标准如下：A. 非常符合 B. 比较符合；C. 无法确定；D. 不太符合；E. 很不符合。

（1）具有丰富的想象力，并能把这些想法准确而生动地表达出来。

（2）我的想法通常比别人来的有价值，更具有创造性。

（3）我的想法通常并不是天马行空，泛泛而谈，而是切合可行的。

（4）每天早晨我都是怀着积极的态度醒来，感觉今天又是崭新的一天。

（5）我知道如何控制自己的生活、性情、脾气，并做到自律。

（6）当我开始创业时，我的家人能够理解我的不自由状态并支持和鼓励我。

（7）当我失望时，我能够处理问题而不是逃避放弃，是以积极的状态投入到工作上去。

（8）我留心观察周围的事物，注意细节性问题，把握身边的契机，并把不利局面转化为机会。

（9）我更倾向于主动地去把握和解决问题，而不是处于被动局面。

（10）我不是一个风险规避者。

（11）对即将涉及的领域，我有很好的专业背景和技术。

（12）我了解该行业目前的市场运作和竞争水平，并熟悉相关的法律政策条文，做好充足的准备。

（13）我有管理经验，并擅长组织活动。

（14）我眼光长远，更加看中的是持续发展而不是短期盈利。

（15）我能够挖掘理想的合伙人和管理人士、雇用理想的专业人员和员工。

（16）我有雄厚的资金来源和稳定的购物系统，至少可以保证第一年的正常运营。

（17）我能够通过合理的途径以自己能够接受的成本募集资金，以获得充沛的资金流。

（18）我可以获得对自己有利的物质来源，如原材料等，能够很好地控制成本。

（19）与替人工作相比，我更渴望有一份属于自己的事业。

（20）我有一个很明确的创业目标，并可以为实现这个目标而努力，哪怕付出代价。

类型分析：

A——你不适合创业或者根本没想过创业。你规避风险、倾向与安定的生活，并且不善于利用自己的网络来开拓事业，你的生活圈子仅仅局限于你的熟人圈，因此你更适合做一个普通的上班族。

B——你有创业的意识但却不愿创业，在风险与安稳之间你更倾向于后者。

C——你具备一定的创业素质，但是由于缺乏信心，你没能认清楚自己这方面的能力，也许对你来说，外界的影响力会左右你的选择。

D——你适合创业且比较符合创业的要求，你所需要的是一种守业的能力，来保证公司的长期发展和完善。同时你也应该不断完善自己，使别人更加信赖你，增加个人魅力。

E——你适合创业和守业，如果你能全身心地投入到一项激动人心的创业事业中，效果会更好，收益会更多，不是所有人都适合做企业家，即使你恰好有这种素质，在前行的途中也需要别人的帮助，打开自己的视野，记录下自己的梦想。机会无限，就看你如何把握了。

## 课后练习

（1）0是什么？至少想出30种，比如：脑袋、地球、宇宙、圆、圆满、结束……

（2）创业者应该具备哪些素质？如果是你要创业，你觉得自己在哪些方面还比较欠缺，该如何培养？（这些词可能会对你有所帮助：欲望、忍耐、眼界、明势、敏感、谋略、胆量、与他人分享的愿望、自我反省的能力、自信、坚韧、冒险、行动能力、商业头脑、学习能力）

（3）假如你所在的社区存在以下几个问题，能否启发你的创业想法？

1）当地的商店里，玩具品种比较少，顾客的选择余地不大。

2）当地没有令人感到舒服的、课余朋友会面的休闲咖啡店。

3）社区里不能快捷有可靠的为住户发运包裹。

4）当地最近香菇缺货，需要买别的商品来代替。

根据以上问题，提出你的创业构思，并对创业构思进行SWTO分析。

（4）根据上题中的创业构思，撰写一份创业计划书，也可选择其他创业构思进行撰写。

# 参考文献


[1] 池琼琼．中职生核心素养培养方法的探析［J］．高等教育课程教育研究，2016（21）：38.

[2] 王丽滨．儒家文化提升高职学生的隐性职业素养［J］．理论前沿，2015（8）：18-19.

[3] 赵婀娜．今天，为何要提核心职业素养［N］．人民日报．2016-10-13.

[4] 安德义．论语解读［M］．北京：中华书局，2010.

[5] 种青．工匠精神是怎样炼成的［M］．北京：人民邮电出版社，2016.

[6] 张笑恒．哈佛的十五堂幸福课［M］．北京：中国纺织出版社，2013.

[7] 周娅．为自己工作［M］．北京：金城出版社，2010.

[8] 张健．工匠精神与职业精神辨析［OL］．现代职业教育网．2016-10-28.

[9] 宦平．工匠精神读本［M］．北京：中国劳动社会保障出版社，2016.

[10] 罗伯特·阿尔伯蒂，马歇尔·艾蒙斯．应该这样表达你自己［M］．北京：京华出版社，2009.

[11] 谭自强．图解跨文化交流学［M］．上海：世界图书出版公司，2010.

[12] 吴怡薇．礼仪与职业素养［M］．北京：北京理工大学出版社，2015.

[13] 肖薇．职业素养与礼仪［M］．北京：北京理工大学出版社，2015.

[14] 金正昆．商务礼仪教程［M］．北京：中国人民大学出版社，2009.

[15] 马亚芹．信息技术课堂中如何让学生更好地开展自主学习的策略［OL］．宁夏教研网．2012-5-30.

[16] 劳动和社会保障部职业技能鉴定中心．信息处理能力训练手册中级［M］．北京：人民出版社，2011.

[17] 丁毓峰．逻辑学原来如此有趣［M］．北京：化学工业出版社，2015.

[18] 陈玢．超级记忆术［M］．北京：北京联合出版公司，2016.

[19] 王峰，陈林，刘苏．最强大脑　写给中国人的记忆魔法书［M］．北京：北京大学出版社，2015.

[20] 多米尼克·奥布莱恩．多米尼克的记忆魔法书［M］．北京：九州出版社，2016.

[21] 多米尼克·奥布莱恩．我最想要的记忆魔法书［M］．北京：新世界出版社，2011.

[22] 多米尼克·奥布莱恩．52周记忆魔法实战手册［M］．北京：新世界出版社，2012.

[23] 肖胜阳．中职生职业素养能力训练（下册）［M］．北京：高等教育出版社，2013.

[24] 爱德华·德·博诺．六顶思考帽［M］．北京：中信出版集团，2016.

[25] 韩玉波，夏晶，陈龙．团队合作能力训练［M］．北京：中国书籍出版社，2014.

[26] 孟玉婷，张勇．团队合作能力训练教程［M］．成都：西南交通大学出版社，2012.

[27] 胡秀霞．团队合作能力训练［M］．北京：北京师范大学出版社，2013.

[28] 刘艳彬，李兴森．大学生创新创业教程［M］．北京：人民邮电出版社，2016.

[29] 陈永奎．大学生创新创业基础教程［M］．北京：经济管理出版社，2015.

[30] 袁凤英，王秀红，董敏．创新创业能力训练［M］．北京：中国书籍出版社，2014.

[31] 张志，乔辉．大学生创新创业入门教程［M］．北京：人民邮电出版社，2016.